重力のからくり

相対論と量子論はなぜ「相容れない」のか

山田 克哉　著

ブルーバックス

カバー装幀／五十嵐徹（芦澤泰偉事務所）
カバー写真／アフロ
本文デザイン・図版制作／鈴木知哉＋あざみ野図案室

はじめに

「重力」とは、なんでしょうか。

私たち人類が正式に重力と出会ったのは今から3世紀半ほど前、１６８７年にアイザック・ニュートンが『自然哲学の数学的諸原理（プリンキピア）』を刊行し、「万有引力」に関する包括的な法則を発表したときのことです（ニュートン自身は万有引力について、１６６５年か１６６６年には発見していたと言われています）。

質量をもつあらゆる物体、すなわち万物が、互いに互いを引っ張り合う力を及ぼしあっている——「万有引力の法則」が登場したことで、私たちは重力の存在をはっきりと認識するようになりました。

しかし、実際にはそのはるか以前から、人類は、日常的な感覚や体験を通して「重いものに起因するなんらかの力」が存在していることを、おぼろげながらに知っていたものと思われます。たとえば、「重いものを持ち上げるにはそれ相応の力が必要である」ことや、「高いところから重いものを落とすと、勢いを増しながら落下したその物体の衝撃によって、真下にあったものが壊れる」といった現象については、ニュートン以前の人たちも肌に感じていたことでしょう。

ところでみなさんは、「重いもの」と聞いて何を思い浮かべますか？　資料やモバイルコンピュータを詰め込んだ通勤・通学用のバッグやバックパック、あるいは引っ越し荷物の入った段ボール箱でしょうか。筋トレに励んでいる人なら、バーベルや鉄アレイかもしれませんね。

では、これら重いものの「重さ」とはなんでしょう？　バッグや荷物なら重量計に載《の》せることで「〜kg（キログラム）」と表示されますし、バーベルや鉄アレイであればそれ自体に「2kg」とか「10kg」といった数字が記載されています。そのため、「重さ＝kgの単位で表されるもの」と考えている人が多そうです。その証拠に、体重を訊《き》かれたら、「60kgです」などと答えるのがふつうです。

ところが、重さの単位は「kg」ではないのです！　もちろん「g（グラム）」でも、はたまた「t（トン）」でもありません！　だとしたら、重量計が示すあの数値は、いったい何を意味しているのでしょうか？

また、先ほど紹介した万有引力の法則には「質量」という言葉が登場していました。では、「質量」と「重さ」の違いとは？

本書では、このような素朴な問いかけからスタートして、一歩一歩ステップを刻みながら、「重力のからくり」を解き明かしていきます。

その重力には、じつに不思議な二つの特徴があります。
①弱すぎるといっても過言ではないほど「きわめて弱い力」であること
②他の重要な物理法則とは相容《あいい》れない「孤独な力」であること
広大なこの宇宙には、無数の星々や銀河、銀河団などが存在しています。それら巨大な構造物はもちろんのこと、地球や、そこで暮らす私たち生命まで、あらゆる物体はすべて、「万物を互いに引きつけ合う」重力の作用によって誕生しました。もし重力が存在していなかったなら、これらいっさいの事物は存在しえなかったのです。

しかし、その重力はなんと、たとえば電磁力（電気力と磁力）のわずか10^{38}分の1の強さしかありません。この宇宙を作り上げた力といっても大げさではない重力が「きわめて弱い力」であるとは、いったいどういうことなのでしょうか。

そして、重力を「孤独な力」へと変貌させたのは、誰あろう、アルバート・アインシュタインその人です。ニュートンによる万有引力の発見からおよそ250年後、アインシュタインが一般相対性理論を提唱したことで、重力への理解が格段に深まることになりました。否《いな》、重力のとらえ方そのものに革命を起こした、というべきでしょう。一般相対性理論は、それほどインパクトのある、画期的な重力理論だったのです。

一方で、量子論（量子力学）や、素粒子物理学の標準模型といった、相対論に勝るとも劣らない他の重要な物理学の成果とは、どうしても統一的に理解できない〝ある事情〟を抱えているというのですが……？

本書では、一般相対性理論の本質を予備知識のない人でも理解できるよう嚙み砕いて説明しながら、電磁力など他の力とは大いに異なる重力の不思議な特徴について紹介していきます。「質量」と「重さ」の違いを考えることから始まる旅が、やがて物理学の最前線で探究されている重要な課題にまで私たちを連れて行ってくれますので、どうぞお楽しみに。

＊

本書は、これまでの筆者の著作と同様に、物理学の詳しい知識をもたない人を前提に書かれています。初めて物理学ジャンルの本を読む人でも無理なく読み進むことができる一方、物理学に親しんでいる読者にも、新しい発見や理解が得られるよう工夫して書いてあります。以下に、本書の構成をご説明します。

第1章ではまず、「質量と重さの違いとは？」「力とは？」といった素朴な疑問について考えながら、重力を理解するための準備運動をおこないます。

続く第2章は、万有引力がどうはたらくのかを確認しながら、ニュートンの考えた重力について紹介します。

第3章では、質量保存の法則と不確定性原理が引き起こす常識はずれの現象を体感していただきます。宇宙の深淵《しんえん》を覗《のぞ》いた気分になれますよ。

第４章は趣向を変えて、万有引力ならぬ〝万有斥力《せきりょく》〟について見ていきます。インフレーションや宇宙の加速膨張など、あたかも重力に抗《あらが》うような現象を引き起こす謎めいたエネルギーが存在している……!?

第５章には、私たちがふだん接している「ふつうの物質」とは、その成り立ちも性質もまったく異なる「正体不明の質量」が登場します。「ダークマター」とよばれるこの謎の質量が、宇宙の形成に果たした大きな役割とは？

最終第６章は、本書のハイライトです。「きわめて弱い力」である重力がなぜ、宇宙を支配する強大な力になりえたのか――その秘密を解き明かし、物理学を支える二大理論、すなわち一般相対性理論と量子論がなぜ相容れないのか、その謎解きに挑みます。現代物理学の最先端で活躍する物理学者たちがいったい何を目指しているのか、その取り組みもご紹介します。

重力とは果たして何者なのか？　さあ、ご一緒にそのからくりを探索してみることにいたしましょう。

２０２３年盛夏、気温40度Ｃを超えるロサンゼルス郊外にて

山田　克哉

もくじ

第3章

「質量保存の法則」とエネルギーのからくり

——掟破りを許す〝曲者〟物理法則とは？

第1章

「質量」と「重さ」のからくり

——「kg＝重さの単位」ではなかった！

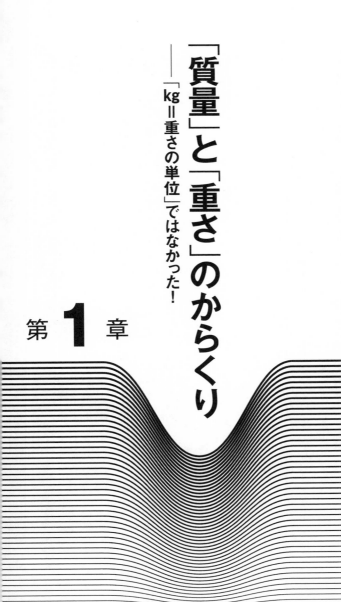

「質量」と「重さ」の違い、わかりますか?

「重力とはなにか」「その本質とはどのようなものか」——これらの問いに対して、その答えを探っていくのが本書の目的です。

「重い力」と書いて重力ですから、「重さ」と「力」がキーワードになることは予想がつきますね。まさしくそのとおりなのですが、それではみなさん、「重さとはなにか」「力とはなにか」と問われて、明快に答えることができますか?

「重さ」も「力」も、あまりに日常に馴染《なじ》んだ言葉であるためか、その〝物理的な意味〟は案外、理解できていないものです。また、「重さ」とよく似た言葉に「質量」がありますが、両者の違いを明確に答えることができるでしょうか?

そこでまずは、「質量」と「重さ」の違いを考えることから話を始めましょう。それは、「重力」の核心に迫っていく準備運動としても役立つはずです。

子ども向けの科学の本では、「質量」という言葉は使われず、「重さ」と表現されています。大人の世界ですら、日常生活において「質量」という言葉を使う機会はほとんどありません。一般向けの物理の啓蒙書《けいもうしょ》でも、質量の代わりに重さが使われているケースがままあるようです。

「質量と重さは同じ」ということなのでしょうか? 「質量」という言葉はどこか抽象的に聞こ

え、「重さ」のほうがより具体性を帯びているということなのかもしれません。

「質量」の代わりに「重さ」が使われている最も大きな理由は「単位」にあります。日本中どこに行っても、ものを量る際の「重さの単位」には「グラム（g）」や「キログラム（kg）」が使われていますね。スーパーなどで食品を買うときにはたいてい、「100gあたりの値段」や「1kgあたりの値段」が示されています。このように、日常に馴染んだ単位が使われていることが、「重さ」に具体性を感じることができるいちばんの理由でしょう。

ところが、グラムやキログラムは、じつは「重さの単位」ではないのです！　グラムやキログラムは本来、「質量の単位」なのです。いったいどういうことでしょうか。

「物質」と「物体」の違いと共通点

まず、「物質」と「物体」は必ずしも同じではない、というところから始めましょう。物体は、さまざまに異なった材料（あるいは材質）から構成されています。

たとえば、鉛筆という物体は、グラファイト（結晶状の炭素）という材質と木から構成されています（ときにはさらに消しゴムが加わることも）。時計も、通常はある一種の金属だけで構成されてはいませんから、やはり物体です。多数の部品からなるスマホやパソコンは言わずもがなです。加えて、物体には、さまざまな「形」や「大きさ」もあります。

一方、「物質」を考える際には、「どんな材料あるいは材質でできているのか」だけが重要であり、形や大きさは問題にしません。そして、「同じ材料」からできているものどうしを「同じ物質」ととらえます。

「同じ物質」を構成する「同じ材料」とは、「同じ分子」や「同じ原子」のことです。たとえば、純粋な金属は「同じ原子」からできているので「物質」です。

そして、物質と物体に共通する性質として、両者はともに「質量」をもっています。それでは、質量とはいったい何なのでしょうか?

➡ 質量とはなんだろう

あらかじめお伝えしておきますが、「質量」の説明は決してやさしくありません!

空港の到着ロビー付近にある手荷物受取所(バゲージクレーム)を例に考えてみましょう。バゲージクレームでは、乗客の荷物がベルトコンベアに乗ってぐるぐると回転しています。

偶然にも、まったく同じ二つの「キャリーバッグ」が出てきたとしましょう。メーカーはもちろん、大きさも色も形もまったく同じで、ネームタグもついておらず、見た目だけでは区別のつけようがありません。

便宜上、一方のバッグを「荷物A」、もう一方を「荷物B」とよぶことにします。外見上はまったく同じ荷物Aと荷物Bを見分けるにはどうすればいいでしょうか？

明確に区別できる方法が、一つだけあります――「重さ」です。いくら外見がまったく同じでも、重さまでまったく同じである確率はきわめて小さく、ほとんどゼロと考えられます。実際に手にもってみて、荷物Aのほうが荷物Bよりも重かったとしましょう。ここで質問です。

どうして荷物Aのほうが荷物Bよりも重いのでしょうか？

決して〝愚問〟ではありませんよ。物理的に、とても重要なことがひそんでいるのです。

答えは、「荷物Aのほうが荷物Bよりも、〝物〟がいっぱい詰め込まれているから」（あるいは「荷物Aのほうが荷物Bよりも、〝重い物〟が詰め込まれているから」）。

荷物Aと荷物Bは、形も体積もまったく同じですが、前者のほうが後者よりも内容物の量が多い。だから、荷物Aのほうが荷物Bよりも重いのです。

なお、重さには関係なく、荷物Aにも荷物Bにもバッグの素材とは別の内容物が入っているとすると、荷物は「物体」です。

そして、この「荷物の量」が、物体としての荷物の「質量」に相当します。

⬇「物質」の場合は？

もう一つ、別の例を紹介しておきます。

こんどは、バッグ（とその中身）のような物体ではなく、純粋な「物質」を考えます。純粋な金属は物質であり、膨大な数の「同じ原子」から構成されています。たとえば、「銅」は膨大な数の「銅原子」だけからできています。

まったく同じ形と体積をもつ、二つの金属を考えます。具体的には、まったく同じ円柱形（シリンダー型）をした、同形・同体積の純粋な鉄と純粋なアルミニウムを考えましょう。両者ともに、円柱の内部に空洞はないものとします（図1－1）。

同形・同体積のこの状態で、鉄とアルミニウムとではどちらが重いでしょうか？　日常的な感覚からもおわかりのように、同形・同体積なら鉄のほうがアルミニウムより重いのですが、それがなぜだか説明できますか？

答えは、同じ体積中に、鉄のほうがアルミニウムよりいっぱい〝物〟が詰まっているから。先ほどのキャリーバッグの例と同様に、この「詰まっている物の量」が「物質の質量」なのです（つまり、鉄原子のほうがアルミニウム原子より質量が大きい）。誤解のないようにしていただきたいのですが、「物の量」は重さではありません！　たとえば「リンゴ五つ」が、「重さ」を表し

図1-1

ていないのと同じです。
「質量」のイメージが、少し摑《つか》めてきたでしょうか。

「慣性」とはなにか

ところが、物理学においては、質量はこんなに簡単には定義されていないのです。ここで、「慣性質量」というものを紹介します。慣性質量を知るには、まず「慣性」について知らねばなりません。

物質も物体も、「同じ運動状態を永久に保とうとする性質」をもっています。以降は「物体」を例に話を進めますが、「物質」についても事情は同じです。

「同じ運動状態を永久に保とうとする性質」とはなんでしょうか？　具体的にいえば、「同じ速度と同じ方向を維持したまま、同じ運動を永久に保とうとする性質」です。このような運動を「等速直線運動」といいます。

あらゆる物体は、いったん動き出したら、当初の運動方向と運動速度を永久に保ちたいという〝欲望〟をもっており、この欲望が物体のもつ「慣性」というものです。すなわち、等速直線運動を永久に保ちたいという欲望です。したがって物体が最も好む運動は、この等速直線運動です。

身近な例で確認してみましょう。一定速度で走っている車、すなわち等速直線運動をしている自動車や電車が急停車すると、車内にいる人は必ず前方につんのめりますね。なぜでしょうか。

その理由は、速度が急に落ちるのはあくまで車体だけであり、車内にいる人は車が速度を落とす前の速度を永久に保持しようとするからです。急停車するために踏み込まれたブレーキの効果が直接かかるのは車体のみで、車内にいる人には直接的にはブレーキは効きません。人体は、人体自身がもつ慣性＝「同じ運動方向と運動速度を永久に保ちたいという欲望」によってブレーキがかかる前の速度を保とうとします。その結果、車の速度が急に落ちると前方につんのめるのです。

先ほど「あらゆる物体」といったように、慣性をもつのは人間だけではありません。車体の床に直接固定されていない物、たとえば、足元に落ちていた空き缶やテニスボール等は、車の速度が急に落ちると、それまで車体に対して静止していたのが前方に転げ出します。速度が落ちるのは車体であって、空き缶やテニスボールではないからです。空き缶やテニスボールは自らの慣性にしたがって、もとの運動＝等速直線運動を続行しようとします。

あらゆる物体がもつ慣性の影響について、別の例でも確認しておきましょう。等速直線運動をしていた車がカーブに差しかかって運動方向を変えると、車内にいる人や、床に落ちていた空き缶、テニスボールは、どうなるでしょうか。

もうおわかりですね。もとの運動＝等速直線運動を続けたいという欲望から、車が曲がる方向と逆向きに（車の床に対して）動き出します。これもまた、慣性の仕業《しわざ》です。体感的に理解できるので、わかりやすいですね。

慣性質量とは「欲望の度合い」である

準備が整ったところで、「慣性質量」の話に移りましょう。

あらゆる物体は等速直線運動を永久に保ちたいという欲望をもっていますが、その欲望の度合いが「慣性質量」です。この欲望の度合いの強い物体ほど慣性質量が大きく、等速直線運動を変えるのが難しくなります。

たとえば、荷物を満載した大型トラックは、カーブに沿って速度や方向を変えるのが容易ではありません。急に速度を落としてストップしたり、逆に速度を上げるのにも時間がかかります。

荷物を満載した大型トラックは等速直線運動から外れるのを極度に嫌い、いつまでも同じ速度と同じ運動方向を保ちたいという欲望が強いからです。つまり、荷物を満載した大型トラックは、大きな「慣性質量」をもっていることになります。

対照的に、小型で軽い乗用車であれば、カーブで減速するのに苦労はしませんね。小型乗用車は永久に同じ速度と同じ運動方向を保つ欲望の度合いが低く、したがって速度を変えやすく、速度を落として車を止めるのは容易です。同様に、運動方向を変えるのにも苦労しません。等速直線運動を容易に変えることができる小型乗用車の慣性質量は小さいということになります。

⬇ 慣性を体感できる実験

学生時代の筆者が、「物体の慣性」というものをしみじみと「実感」した実験についてご紹介しましょう。

大きな教室内の、できるだけ水平になるように並べてあるいくつかの机の上に、5mほどもある長い直線状のレールを固定します。内部が空洞になっているそのレールの上に、物体（スライダー）を乗せます（図1-2）。

スライダーを手で押すと動き出しますが、スライダーがレール上を動いているあいだ、レールとの接触面では摩擦が生じます。摩擦は一種の力で、「摩擦力」とよばれています。摩擦力は、

図1-2

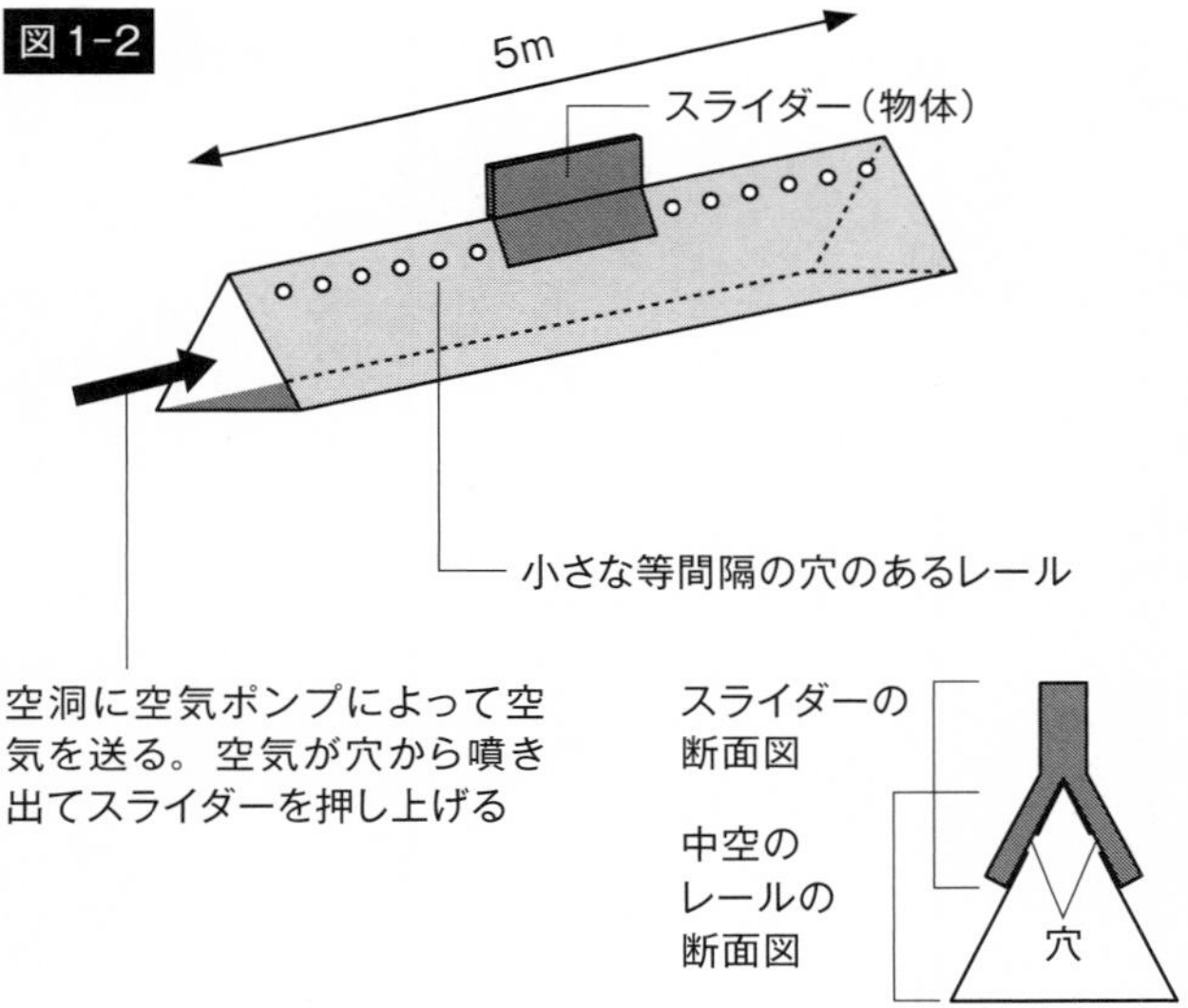

物体の運動方向と逆向きに作用します。

摩擦が大きければ、手を離した直後に減速され、スライダーはわずかに動いただけで止まってしまうでしょう。そこで、「もし摩擦が存在しなかったなら」という条件を考慮して、物体がどんな運動をするかについて考える必要があります。

図1－2に示すように、レールにはたくさんの小さな穴があけられています。レールの内部は空洞なので、ポンプを使って空洞内に空気を送り込むと、レールの穴から噴き出た空気がスライダーを押し上げてくれます。スライダーはつねに、レールからほんの少しだけ浮き上がっている状態になり、その結果、レールとのあいだの摩擦は最小限に抑えられます（空気抵抗までは取

り除けませんが)。ゲームコーナーなどで見かけるエアホッケーの要領です。

その状態でスライダーをレールの一方の端にセットして、短いあいだだけそーっと手で押して、その後すぐに手を離します。すると、摩擦がほとんどないため、スライダーはレール上をほぼ一定の速度で動きつづけます。

この実験を初めて目にした人は、奇妙な印象を覚えるかもしれません。なんの推進力も得ていないスライダーがひとりでに、長いレール上を一定速度で動いているように見えるからです。

「レールの穴から吹きつけている空気がスライダーを押しているに違いない!」と考える人もいそうですが、間違いです。穴から噴き出た空気がスライダーに当たる方向はレールに対して直角で、スライダーを進行方向に押すようには吹きつけていないからです。

⬇ 慣性の法則

前述のとおり、この実験を初めて見たとき、筆者は物体のもつ「慣性」の存在をしみじみと実感しました。慣性が存在するからこそ、いったん動き出した物体は(摩擦や空気抵抗など、外部からのなんらかの〝邪魔立て〟が入らないかぎり)、動き出した当初と同じ速度を永久に維持しよう、すなわち、等速直線運動を続けようとするのです。

読者のみなさんもどうか、「物体のもつ慣性」というものを実感してください。そして、慣性を生み出す要因は、その物体を構成している質量（慣性質量）であるということを忘れないでください。

繰り返しますが、摩擦や空気抵抗といった外部からの邪魔立てが存在しないかぎり、ひとたび動き出した物体は、その慣性質量のために永久に一定速度で動きつづける等速直線運動を維持するのです。これが物体のもつ「慣性（inertia）」というものです。

慣性は、あらゆる物体が固有にもつ性質です。（外部からの邪魔立てが存在しないかぎり）物体が等速直線運動を永久に保とうとするのは、アイザック・ニュートン（1642〜1727年）による運動の法則の一つであり、「慣性の法則」または「ニュートンの第一法則」とよばれています。

そして、この慣性の法則をめぐっては、もう一つ重要な話をお伝えしておかねばなりません。「（外部からの邪魔立てが存在しないかぎり）静止している物体は、永久に静止状態を保とうとする」ということです。どういうことでしょうか。

物理学では、物体が静止していても、それもまた一つの運動状態であると考えます。速度ゼロの運動状態、すなわち「速度ゼロの等速直線運動」です！

ある一定の速度を有しているにせよ、あるいは速度ゼロであるにせよ、物体や物質が（外部からの邪魔立てが存在しないかぎり）、同じ運動状態（等速直線運動）を永久に保とうとするその理由は、それら物体（物質）のもつ慣性質量だけにあり、その他に要因はありません。

それにしても、いったいなぜ質量は「慣性」という性質を備えているのか。残念ながら、その理由はわかりません。物理学には答えることのできない根源的な疑問がいくつかあり、「質量が慣性をもつ」理由もその一つです。「もっているからもっている」としか、言えないのです。

「力」とはなにか

物体が「等速直線運動を永久に保ちたい」という欲望の度合いが、その物体のもつ慣性質量であることはわかりました。

しかし、いかに慣性質量の大きい物体であっても、外部から「力」を加えつづけると、その「力」の強弱にはまったく関係なく、「力」が加わった瞬間から等速直線運動を維持できなくなります。何度もしつこく「外部からの邪魔立てが存在しないかぎり」と断り書きを入れてきたのも、そのためです。

では、運動方向と同じ向きに外部から「力」を加えつづけられた物体には、どのような変化が起こるでしょうか？

時間とともに速度が増加し、どんどん速く動くようになります。速度が変化するのですから、それはもう「等速」ではありません。速度が時間とともにどんどん大きくなる現象は、ご存じのように「加速」とよばれています。

物体が加速する原因は、その物体に加えられた「力」です。したがって、物体を連続的に加速させる（速度を連続的に増加させる）ためには、その物体に対して連続的に力を加えつづけなければなりません。力を加えるのをやめてしまったら、もはやその物体は加速されることなく、力を加えるのをやめた時点での速度を保ったまま、慣性にしたがって動きつづけます（ここでは、物体と接触している面とのあいだに摩擦がまったくないものと仮定しています）。

ここでいう「力」は、次のように表現することができます。

〈力（force）とは、物体を加速させる要因である。力なくして加速あらず！〉

減速と加速の関係

ところで、加速の反対は「減速」です。

すでに走っている物体に、運動方向とは逆向きの力を加えつづけると、その物体は減速され、徐々に運動速度を下げていきます。やがて止まってしまいますが、停止後も逆向きの力がそのまま加えつづけられれば、こんどは逆方向に加速されることになります。

面白いことに、物理学では減速も加速のうちに含めています。「減速＝マイナスの加速」です。減速に関しても、「力なくして減速あらず！」が成り立ちます。そこで、減速を含めて加速という現象を定義すると、次のようになります。

〈加速とは「速度変化」のことである〉

整理しておきましょう。

「静止している物体」を動かすには、その物体を押すか／引くかが必要です。「押す」も「引く」も力ですから、静止している物体を動かすには、その物体に力を加える必要があり、また、それ以外に物体を動かす方法は存在しません！

そして、物体に対する力の効果は「加速」として現れます。静止している物体に力を加えると、物体は加速されて動き出します。静止している状態の速度はゼロです。速度ゼロの静止状態から動き出すと、物体はある速度を得ます。速度ゼロからある速度へと、速度変化が生じます。

速度変化は加速です。加速の原因は力です。静止している物体を動かすためには、その物体に力を加えなければならないのです。

物体は加速を嫌う

すべての物体は、その慣性のために永久に同じ速度を保とうとし、等速直線運動を最も好みます。逆にいえば、物体は速度変化を嫌います。いかなる物体も、慣性という性質をもっているがゆえに、速度を変化したくないのです。

そして、速度変化とは加速のことなので、物体は加速を嫌います。あらゆる物体は、加速したくもされたくもないのです。したがって、物体は加速に対して抵抗します。その際、慣性質量がものを言います。

もうおわかりのように、慣性質量が大きい物体ほど、加速に対する抵抗も大きいのです。反対に、慣性質量が小さい物体ほど、加速に対する抵抗は小さくなります。

そして、加速の原因は「力」ですから、物体は加えられた力に対して抵抗します。力に対する抵抗具合もまた、物体の慣性質量の大小によって変化します。もちろん、慣性質量の大きな物体ほど、加えられた力に対して大きく抵抗します。結局、次のようなことが言えます。

〈慣性質量の大きな物体ほど加速しにくく、慣性質量の小さな物体ほど加速しやすい（加速は減速も含むことをお忘れなく！）〉

ここでふたたび、荷物を満載した大型トラックを考えます。このようなトラックの慣性質量は大きいので、加速しようとしてもなかなか速度は上がりません。一方、減速しようとしてもなかなかスピードが落ちないので、止まるのに時間がかかります。

対照的に、慣性質量が小さい小型の乗用車では、これとまったく逆の現象が生じます。つまり、加速も減速もしやすいのです。

このことから、慣性質量について、再定義することができます。すなわち、物体の慣性質量とは、その物体の「加速／減速のしやすさ（あるいはしにくさ）」です。

➡「単位」とはなにか

ここで少し、単位について触れておきましょう。この後の話において、単位がきわめて重要な位置を占めるからです。

いま、目の前の紙に「5」という数字が書かれています。「この5は何を意味しているか？」と問われたとき、みなさんはどう答えますか？

「5は5でしょ。それ以上の意味なんかない！」と答えるでしょうか。まったくごもっともで、正解です。

では、「5ｍ」と書かれていたら？「その5は何かの長さや距離を表している」と答えます

図1-3

MKS単位		
距離	m	メートル
質量	kg	キログラム
時間	s	セカンド(秒)
速度	m/s	メートル/秒
加速度	m/s^2	メートル/秒^2

MKSは国際単位系(International System of Units)である。電流の単位アンペア(A)を入れると「MKSA」となる。しかし、メートル法の発祥地であるフランスではフランス語で「Système International (d'unités)」と綴られるので、国際単位系は「SI」と表記される場合が多い

ね。これも正解です。「5秒」と書かれていたら、この5は何かの時間を示していると理解します。

このように、数値の後につけられ、その数値に意味づけをするものが「単位」です。単位によって数値の示している意味がわかりやすくなり、他者とのコミュニケーションもスムーズになります。

そのような単位の体系の一つに、「MKS(Meters, Kilograms, Seconds)単位系」があります(図1-3)。

MKS単位系では、距離は「メートル(m)」、質量は「キログラム(kg)」、時間は「秒(s)」で表します。たとえば、速度は「距離÷時間(距離/時間)」なので、速度の単位は「メートル毎秒(m/s)」となります。速度のように、基本的な単位の組み合わせによって構成される単位を「組み立て単位」といいます。

組み立て単位が登場したところで、「加速度」の定義と単位を紹介しておきましょう。MKS単位系において、加速度は「1秒間あたりの速度の変化」を意味します。単位は「速度の変化÷時間」となり、「m／s／s」から「m／s^2」となります。

このあとの説明では、これらの単位に加え、質量と速度、加速度を記号で表すことがあります。質量は、英語の「mass」から頭文字を取って「m」で表します（距離の単位である「m」とお間違えのなきよう!）。速度の記号には、「velocity」の頭文字から「v」を用います。加速度は「acceleration」から「a」で示します。

「力とはなにか」再考

物体を加速するためには、その物体に力を加えつづけなければなりません。ここであらためて、「力」とはなにかについて考えてみましょう。

「力の定義」は、ニュートンによって与えられました。ニュートンは、①物体を加速するには力を加えつづけなければならないこと、②物体の加速／減速のしやすさ（しにくさ）は慣性質量に依存すること、の2点から、物体に与える「力」（「force」の頭文字から「F」と表す）、その物体の「慣性質量（m）」、そして「加速度（a）」の三つの物理量のあいだに密接な関係があるはずだと判断し、これら三者の関係式（数式）を導き出したのです（式1－1）。

式1－1は、「力」というものが「慣性質量と加速度の積」に等しいことを表しています。これは、実験観測に基づいて得られた「力の定義」です。

質量1kgの物体に力（F）を加えつづけた結果、その1kgの物体の速度が毎秒1m／sずつ増えたとします。これは、1kgの物体の加速度が1m／s^2ということです。それでは、1kgの物体が1m／s^2の加速度で加速されるためには、どのくらいの力を加えつづけなければならないでしょうか？

答えは式1－1が教えてくれます。m＝1kg、a＝1m／s^2を代入すると1×1＝1なので、式1－2になります。

この式は、質量1kgの物体を1m／s^2の加速度で加速するために必要な力（F）が1(kg)(m／s^2)であることに加え、「力の単位」が(kg)(m／s^2)であることも示しています。

しかし、(kg)(m／s^2)は複雑すぎ、いかにも〝見苦しい〟単位と言わざるをえません。そこで力の単位は、「Newton」の頭文字を取って「N」で表すことにしました。1(kg)(m／s^2)を1N（ニュートン）とするのです。

式1－1は、「ニュートンの第二法則」とよばれています。左辺のFは力

式1-1

ニュートンの第二法則

$$F = ma$$

式1-2

$$力\quad F=(1\mathrm{kg})(1\mathrm{m/s^2})=1(\mathrm{kg})(\mathrm{m/s^2})$$

→単位つきの力

を表しているので、右辺のmaも力を表していなければなりません。これが、数式における「左辺＝右辺」という意味です。

式1－1において、もし物体になんの力もはたらいていなかったとしたら、左辺は$F=0$となるので、右辺のmaもゼロにならなければなりません。物体の質量mはゼロではないので、右辺がゼロになるためには加速度aがゼロになる必要があります。物体になんの力も加わらないかぎり（$F=0$であるかぎり）、物体の加速度はゼロで、すなわちこの物体は加速されないことになります。

一方、左辺の力Fがゼロでなかったら右辺maもゼロではなくなるので、加速度aもゼロではなくなります。このことは、先に述べた「加速の原因は力である」に一致しています。

ニュートンの第二法則（式1－1）は、質量m（kg）の物体に力F（N）が連続的に加わりつづけないと成り立ちません。さもなければ、$F=0$となって加速されなくなるからです。

繰り返しますが、「力」の単位は「N（ニュートン）」で、質量の単位は「kg」です。Nは、MKS単位系における力の単位です。その理由は、ここまでの議論で徹底的にMKS単位だけが用いられているからです。

⬇その物理量に「向き」はあるか?

ここで、この後の話に不可欠な「ベクトル」というものを紹介しておきましょう。
数値で表される「量」に加えて、「方向」も備わっている物理量を「ベクトル」とよびます。たとえば、物体の速度を正確に示すには、「〜m／s」という「量」だけではなく、どちらの「方向」に動いているのかを明示する必要があります。したがって、速度はベクトルです。

力もまた、その強さを「〜N」と数値で示しただけでは不十分です。もしみなさんが、「ある物体に30Nの力を加えよ」といわれたら、すかさず「どっちの方向に?」と問い返さなければいけません。たとえば物体を「押す」ことによって力を与える場合なら、右に押すのか左に押すのか斜めに押すのか、あるいは向こう側に押すのか手前に向かって押す（引く）のか、力を加える「方向」を指定する必要があるからです。どんな力も「向き（方向）」をもっているので、力もまたベクトルです。

他方、「質量」はベクトルではありません。たとえば、ある物体の質量が8kgである場合に、「どっちの方向に8kg? 上向き? それとも右向き?」などと問うことは無意味です。質量は

「方向」などもっていないからです。質量には「向き」はなく、単に「量」を表すだけです。

リンゴの数や温度も同様で、5個のリンゴを前にして「どっちの方向に5個?」と聞いたり、25度を示している温度計を見て「25度の向きは?」と訊《たず》ねるのはまったくのナンセンスです。質量やリンゴの数、温度はベクトルではないからです。

その物理量に「向き」はあるか?――なんらかの数値を扱うとき、それがベクトルであるか否かを意識するようにしてください。

なお、ベクトルは「矢」で表され、矢の向く先が「方向」を、矢の長さが「量」を表します。

⬇重力の登場!

すでに述べたことですが、静止状態にある物体を動かす唯一の方法はその物体に力を加えることであり、他の方法はいっさい存在しません。このことは重力を理解するうえでも不可欠の大前提ですので、決して忘れないようにしてください。

ここで、手にもっている物体を、ある高さで放すことを考えてみましょう。ここでいう「放す」とは、文字どおり「放す」ことであり、放す瞬間にその物体を押したり投げたりせず、なんの力も加えないことを意味しています（たんに手と物体との接触がなくなるだけ。「放す」瞬間まで、手は物体の落下を抑え込むため上向きの力を与えています）。

ある高さで放された物体は、放された直後から下方に動き出します（すなわち、落下が始まる）。

「あれっ？　物体を動かす唯一の方法は、その物体に力を与えることではなかったの？」――即座にそう疑問を感じた人は、物理のセンスに優れています。たんに手を放しただけでなんの力も加えていないのに、物体はなぜ動き出したのでしょうか？

動き出したからには、この物体に力を加えた〝犯人〟が必ず存在します。もうおわかりですね。地球の仕業です。地球が物体を下方に引っ張る力を与えているのです。では、それはいったいどんな力か？　ここでは簡単に「地球が地上の物体に与える力を『重力』とよぶ」とだけ言っておきます。

そして、力はベクトルですから、地球が地上の物体に与える力、すなわち重力にも「方向」があります。重力は必ず、地球の中心に向かいます。

一般に物体を「押す」とか「引く」といった場合には、「押し引きする手」と「押し引きされる物体」は必ず接触しています。ところが面白いことに、地球が地上の物体に「重力」を及ぼす場合、地球と物体とは必ずしも接触している必要はありません（図1－4）。地球は、接触なくして地上の物体に力を及ぼすのです。

重力とはどのような力なのでしょうか。

⬇「理想状態」で考える

ここではまず、重力がどの程度の力かということを、加速度を使って考えてみましょう。二つの例を示します。図1－4左は、物体が地球の中心からきわめて遠く離れている場合です。図では、たとえば月程度の距離にある場合を示しています。

図1－4右は、地上1万m以下の近い距離を想定しています（図中のhは地球中心からの距離ではなく、地球表面からの距離であることに注意してください）。地球の半径は638万mなので、地球表面からの高さ1万mの638倍です。地球のサイズを基準として考えると、高度1万mは地表にかなり近いといえます。

以下では、図1－4右の場合に話をしぼって、高度1万m以下の高さから放された物体の落下運動だけを考えます。その理由は、加速度を一定に保ちたいことにあります。図1－4左のように物体が地球の中心からきわめて遠く離れているケースでは、その長い距離のあいだ地球重力に引っ張られつづけるために、落下していく過程で加速度が大きくなってしまい、一定加速度を保てません。

図1-4

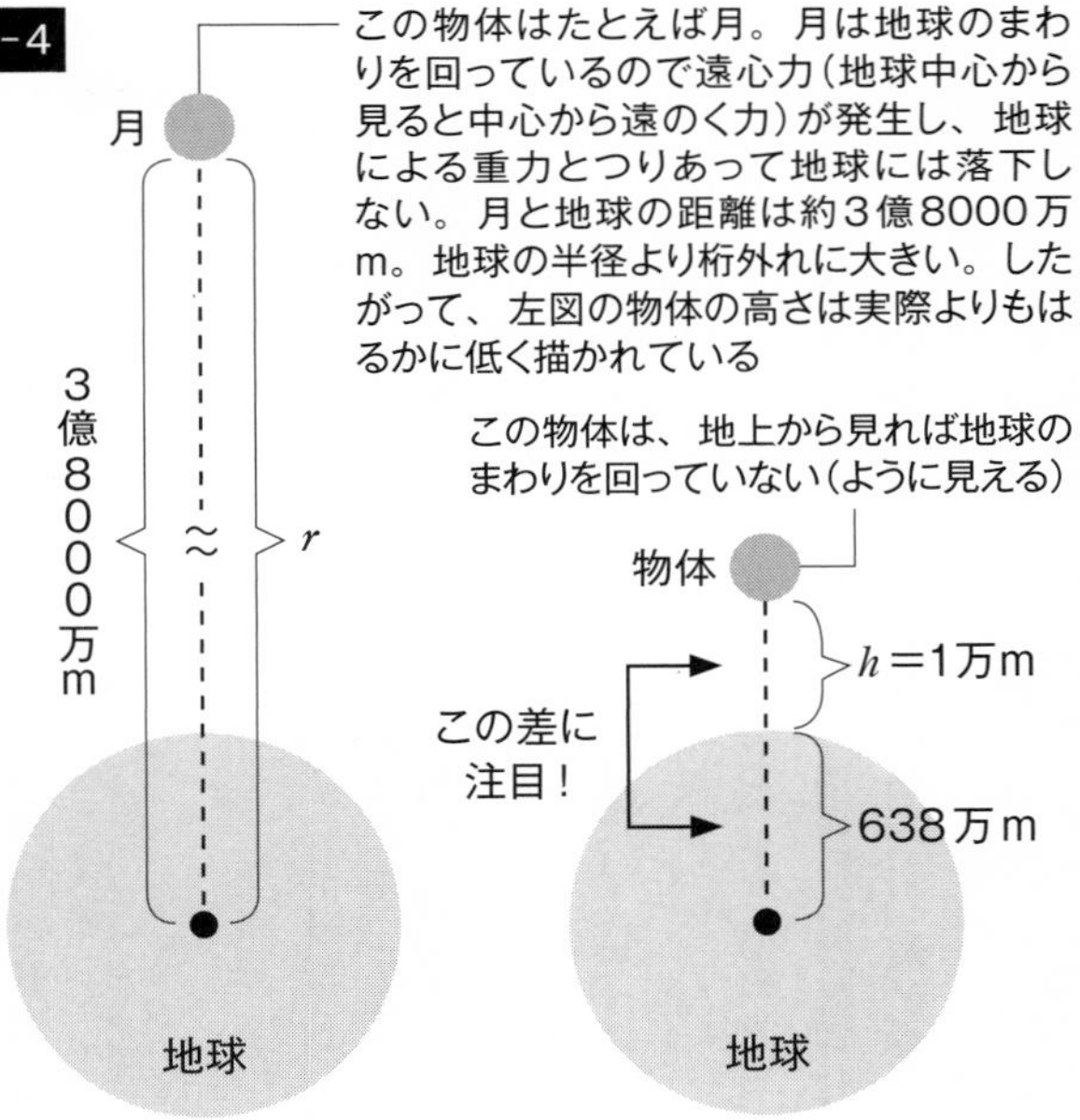
この物体はたとえば月。月は地球のまわりを回っているので遠心力(地球中心から見ると中心から遠のく力)が発生し、地球による重力とつりあって地球には落下しない。月と地球の距離は約3億8000万m。地球の半径より桁外れに大きい。したがって、左図の物体の高さは実際よりもはるかに低く描かれている
月
3億8000万m
r
地球
この物体は、地上から見れば地球のまわりを回っていない(ように見える)
物体
h=1万m
この差に注目!
638万m
地球

一方の図1-4右では、地球中心から地表までの半径に対して高度1万mは地表にかなり近いため、落下中の物体の加速度はほぼ一定に保たれます。一定加速度とは「速度の変化する割合が一定である」ということなので、重力の及ぼす影響を理解しやすくなるメリットがあります。

注意していただきたいのは、落下中の加速度は一定でも、落下速度は一定ではないことです。地表に近づくにつれて、どんどん速く落下します。速度は一定ではありませんが、速度の増加率は一定なので一定加速度を保っていることになります。

もう一つ、この考察では大きな仮

定を必要とします。「地上は空気がまったくなく、完全真空になっている」という仮定です。空気が存在していると、落下中の物体に上向き（落下方向と逆向き）の空気抵抗が加わるので話がややこしくなるからです。物理現象を考える際に設けるこのような仮定を「理想状態」といいます。ここでは、「地上空間は完全真空である」という理想状態で考えていることを覚えておいてください。

➡「質量」と「重さ」の違い――重力加速度とはなにか

物体の種類や質量にかかわらず、物体の落下方向は必ず地球中心に向かいます。図1-4右の場合、いかなる物体もその落下中の加速度は一定です。地球重力と称する「力」が落下物体を加速させていることを忘れないでください。

重力に起因する一定の落下加速度を「重力加速度」といいます。地球の重力加速度については、観測の結果から「9・8m/s^2」という値が得られています。この数値は、地表から高度1万m以下の真空空間で落下する物体の速度が、毎秒9・8m/sずつ増えていくことを意味しています。

9・8は10に近いので、以降は計算の便宜上、重力加速度を10m/s^2として考えることにしましょう（厳密性を欠くという意見もあるかもしれませんが、「重力とはなにか」という本質に迫るうえでは支障はありません）。さらに、この値は一定なので、記号に置き換えることができます。重力加速度は英語で「gravitational acceleration」なので、「g」を使います。すなわち、高度1万m以下の地上でのgの値は10m／s^2として話を進めます。

重力加速度（落下加速度）の値がこれだけ明瞭にわかれば、落下中の質量m kgの物体を地球が引っ張る力、すなわち重力は、ニュートンの第二法則（33ページ式1－1）を使って加速度aは重力加速度g（＝10m／s^2）に置き換えられるので、式1－3として表されます。重力は地球が物体を引っ張る力なので、単位はN（ニュートン）です。

式1-3

$$重力 = mg$$

単位はN（ニュートン）

地上においては、式1－3によって表される「物体にはたらく重力」のことを、その物体の「重さ」というのです（正確には、物体が地表に静止している場合の重さを指す）。

重力はその名のとおり「力」であり、力の単位はNなので、重力の単位もNになります。さらに、地上における重力の値は物体の「重さ」と同じなので、重さの単位もNです。すなわち、物体の重さの単位はキログラム（kg）ではありません（15ページ参照）。

これを実感していただくために、筆者の体の質量と重さ（体重）を考えてみましょう。筆者の体の質量は67kgです。筆者の体の重さ（体重）は、式1－3より（67kg）×（10m／s^2）＝670Nとなります。

あらためて確認しておきますが、「質量」と「重さ」の違いは、前者が「単なる量」であるのに対し、後者が「ベクトル量」であることです。筆者の体の質量は「単なる量」にすぎませんが、筆者の体の重さ（体重）は地球が筆者の体を地球中心に向かって引っ張る力であり、はっきりとした方向をもつ「ベクトル量」です。

残念ながら、世界中の国々で重さの単位として「kg」が使われており、本来の単位であるN（ニュートン）は使われていません。日常的にはNが用いられないことが、「質量と重さの違い」をわかりづらくしている一因かもしれません。

➡「質量」は不変だが「重さ」は劇的に変化する

「質量と重さの違い」としてもう一つ、決して無視できないものがあります。質量が不変である一方、重さは劇的に変化しうるということです。

「5個のリンゴ」に再登場してもらいましょう。5個のリンゴは、地球上においても、月の表面や火星の表面であっても、5個は5個で、その量（数）が変わるはずはありません。

筆者の質量も同様です。地上においても月面においても、火星表面や国際宇宙ステーション内部の無重力空間（正確には「無重量」空間）であっても、あるいは他のどのような空間にいようとも、筆者の体の質量は67kgであり、まったく変わりありません。

それでは、5個のリンゴの重さや、筆者の体重はどうでしょうか？

先ほども確認したように、地球上における筆者の体重は670Nです。この数字の意味するところは、「地球が筆者の体を地球中心に向かって引っ張る力」のことでした。しかし、もし筆者が月面に行ったなら、この数字はまったく異なるものになります。

なぜなら、「筆者の体を引っ張る力」の源が、もはや地球ではなくなるからです。地球に比べ、「月が筆者の体を月の中心に向かって引っ張る力」ははるかに小さいので、月面における筆者の体重は670Nよりも小さくなります。

月に限らず、火星や水星、金星や木星など、太陽系の各惑星の表面上にある、ある一つの物体にその惑星が及ぼす「その惑星の中心に向かって引っ張る力」、すなわち「その惑星における重力（重さ）」は惑星ごとに異なりますが、その物体の質量は、どの惑星に置かれていようと一定不変で、まったく同じ値（kg）です。

言い換えれば、「重さ」を表す「mg」（41ページ式1－3参照）において、質量mの値は惑星の種類に関係なく一定ですが、重力加速度（落下加速度）を表すgの値は惑星ごとに異なります。

先に示した「$g=10m/s^2$」は、あくまで地球上においての値です。たとえば、月面におけるgの値は1・62m／s^2なので、月面での重力加速度は地球表面におけるそれの約6分の1です。すなわち、月面上で物体を放すと、その物体を地上で放したときよりゆっくり落下します。つまり、月が物体に及ぼす重力は、地球が物体に及ぼす重力より弱いのです。

そして、筆者の質量は広大な宇宙のどこでも67kgと変わりませんが、月面での筆者の体重「mg」は（67kg）×（1・62m／s^2）＝108Nへと変化します。地球上では670Nであった筆者の体重が、月面では108Nに激減してしまうのです。

月の表面には空気が存在しないことが知られていますが、それは、月の重力が弱すぎて、空気を月の周囲に引きとめておくことができないからです。月の表面は事実上、かなり真空に近いといえます。

数式の「魔力」

本章の冒頭からここまで、「慣性」や「慣性質量」「加速や減速のしやすさ／しにくさ」「物体の質量と重さの違い」「落下運動」……等々、くどくどと説明してきましたが、これらの物理現象はすべて、たった一つの数式で片づいてしまいます。

式1-4

$$m = \frac{F}{a} \rightarrow \text{物体の質量} = \frac{\text{物体に加える力}}{\text{物体の加速度}}$$

$$1\text{kg} = \frac{1\text{N}}{1\text{m/s}^2}$$

$$m = \frac{F}{a} = \frac{40\text{N}}{2\text{m/s}^2} = 20\text{kg}$$

どんな数式でしょうか？「ニュートンの第二法則」とよばれる$F=ma$です（33ページ式1-1）。「力F」は、物体の「質量m」と、その物体の「加速度a」の積として表されるというものです。

ニュートンのすごいところは、重力はもちろん、どんな種類の力であっても、「質量」と「加速度」の積で表されることを、この式によって示したことです。そして、地球における重力加速度である「g」を用いることで、その関係は「質量mと重力加速度gとの積」へと姿を変えます（41ページ式1-3）。

私たちの暮らすこの地球が、自身の中心方向に物体を引っ張る力、すなわち重力が「mg」という簡潔な式として表されるのです。この「mg」が、質量「m」の物体の地上における「重さ」です。すなわち、「m」は質量（その単位は「kg」）を表し、「mg」は「重さ」（単位はN）を表します。そして、「g」の値は地球上では一定なので、重さ「mg」は質量「m」に比例することになります。

ところで、ニュートンの第二法則「$F=ma$」において、両辺を加速度aで割ると、式1－4上のように書き換えられます。

式1－4より、ある物体にちょうど1Nの「一定の力」を加えつづけると、その物体が1m／s^2の加速度で加速される場合、その物体の慣性質量は1kgであると定義することができます。力Fも加速度aも、測定器を使って測定することができるからです（式1－4中）。

この式が「慣性質量1kg」の定義になっている以上、たとえば、ある物体に40Nの一定の力を加えつづけた結果、その物体の速度が毎秒2m／sずつ増加していく場合（つまり、加速度が2m／s^2の場合）、その物体の慣性質量mの値は、式1－4下に示すように20kgとなります。

物体に力を加えつづけると、その物体は加速されまいとして抵抗します。この「抵抗の度合い」がその物体の慣性質量であり、慣性質量が大きいほど、力に対する抵抗が大きいのです。

＊

本書の幕開けとなる第1章では、「質量と重さの違い」に焦点を当てながら、重力を理解するための基礎知識を確認しました。その過程では、「ニュートンの第二法則」とよばれる一つの式が重要な役割を果たしてくれました。

次章のテーマもまた、ニュートンと深く関わります。そうです、「万有引力」の登場です。

第2章 「万有引力」のからくり

——アリと地球が引き合う力はどちらが強い？

〝万物〟とはなにか

「万有引力」という言葉は、最も馴染みの深い物理学用語の一つかもしれません。なにしろ「あらゆる存在＝万物が有する、引っ張り合う力」という意味をもつのですから、初めて耳にしたときのインパクトが忘れられないという人もいらっしゃるでしょう。

「引力」とはなんでしょうか。第1章で、「地球が地上の物体に与える力を『重力』とよぶ」、そして「地球重力と称する『力』が落下物体を加速させている」という話をしました。「万有引力」の引力とは、まさにそのような力、すなわち「重力」を指しています。

それでは、「万物」とはなんなのか？――「質量」をもつあらゆる存在です。万有引力とは、質量をもつ者（物質）どうしが、互いに引っ張り合う力のことを指すのです。

ただし、じつに厄介なことに、質量をもつ物質どうしがなぜ引っ張り合うのか、その理由はわかっていません。質量をもつ物質どうしが引っ張り合う力＝万有引力がもし存在しなかったなら、太陽も地球も、銀河もブラックホールも、そしてもちろん私たち生物も、この宇宙のありとあらゆる存在（すなわち万物）が誕生しえなかったわけですが、その根本をなす力＝重力が生じる原理がいまだ理解できていないのです！　物理学には、その物理現象が「なぜ（ｗｈｙ）起こるのか」に答えることはできません。物理学に答えられるのは、その物理現象が「どのようにして（how）起こるのか」ということだけなのです。

万有引力はどうはたらくか

万有引力は、どのようにはたらくのでしょうか？

空間を隔てて存在している二つの物質AとBを例に考えてみましょう（ここではあえて「物質」とします）。なお、ここでいう「空間」とは、空気のまったく存在しない「完全真空」を意味しています（以降も、特に断りのないかぎり同様です）。

物質A、物質Bともに、大きさをもたない「点状物質」です。物質Aのもつ質量をm_A（kg）、物質Bのもつ質量をm_B（kg）としますが、点状だからといって質量が小さいとは限りません。1000kgかもしれないし、もっと大きく100万kgかもしれません。また、たとえ物質Aと物質Bが、形も体積もまったく同じであったとしても、両者が異なる物質であれば質量は異なります（たとえば、一方が鉄で、もう一方がアルミニウムであった場合など）。

そのような二つの物質に関して、次のことが実験的に証明されています（図2－1）。

①物質Aは物質Bを、空間を隔てて引っ張る（なぜ引っ張るのかはわからない！）。②同時に、物質Bは物質Aを、空間を隔てて引っ張る（やはり、なぜ引っ張るのかはわからない！）。

図2-1

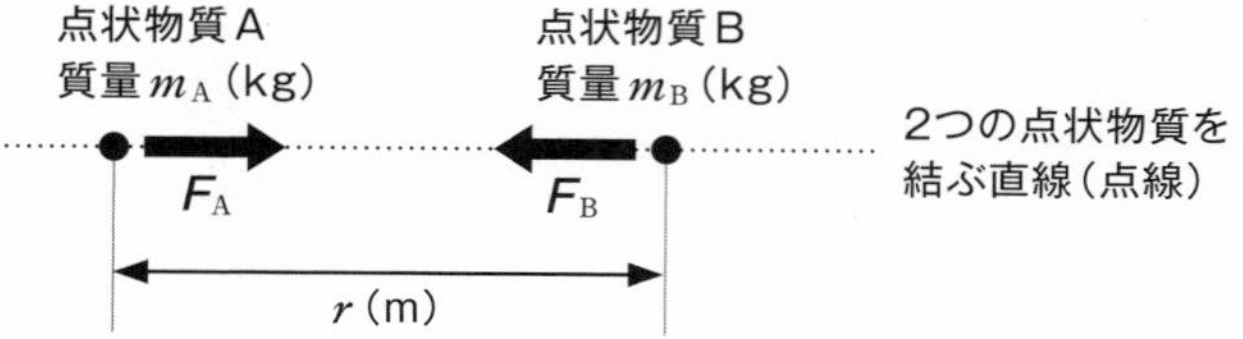

太い矢が互いに相手の方向を向いているのは、2つの質量のあいだにはたらく力が「引力」であることを示している。矢の長さは同じ

両物質のあいだの距離をr（m）で表します。「点（点状物質）」であるからこそ、図に示すように2点間の距離を正確に表すrが定義できることを覚えておいてください。

図２－１中の$\boldsymbol{F}_A$は、「物質Bが物質Aを空間を通して引っ張る力」を表しています。同様に、$\boldsymbol{F}_B$は「物質Aが物質Bを空間を通して引っ張る力」を表しています。

前述のとおり、力は必ず「方向」をもつベクトルなので、二つの力$\boldsymbol{F}_A$と$\boldsymbol{F}_B$はいずれも、方向を明瞭に示す「矢」で表現されています（なお、ベクトルは太字で示すことになっています）。矢の方向が「力」の方向を示しているので、$\boldsymbol{F}_A$は物質Aから物質Bに向かいます。$\boldsymbol{F}_B$についても同様です。

また、「矢の長さ」は力の強さに比例します。力が倍になれば矢の長さも倍に、３倍になれば3倍に、２６７倍になれば２６７倍に……といった具合です。さらに、力を表す二つの矢は、必ず二つの点状物質を結ぶ直線上になければいけません。

問題は、これらの力が「いったいどこから生じるのか」ということです。その答えは、物質Aの質量m_Aと物質Bの質量m_Bです。これら二つの質量が、何もない真空を通して、両物質のあいだに「引力」をもたらすのです。この「引力」こそ、「重力」とよばれているものです。そして前述のように、重力が質量から「なぜ生じるのか」はわかっていません。

周知のとおり、万有引力＝重力はニュートンによって発見されました。二つの物体が空間を通して、互いに相手に影響を及ぼすことから、「重力相互作用」ともよばれています。

⬇「重力質量」の登場

「重力相互作用」は、本質的には前章で議論した「地上において、ある高さから放された物体が自動的に（放されただけで）落下する現象」と同じです。ともに2物体間の引力による運動であり、たとえば物質Aが「地上で放された物体」に、物質Bが巨大な質量をもつ「地球」に相当します（物質Aと物質Bを入れ替えてもかまいません）。

ここで、「重力質量」というものが登場します。図2-1に示された二つの質量m_A（kg）とm_B（kg）は「重力質量」であり、この重力質量が重力（による引力）を生み出しているのです。すでに登場した「慣性質量」と何がどう異なるのか、気になるところですが、ここではひとまず

図2-2

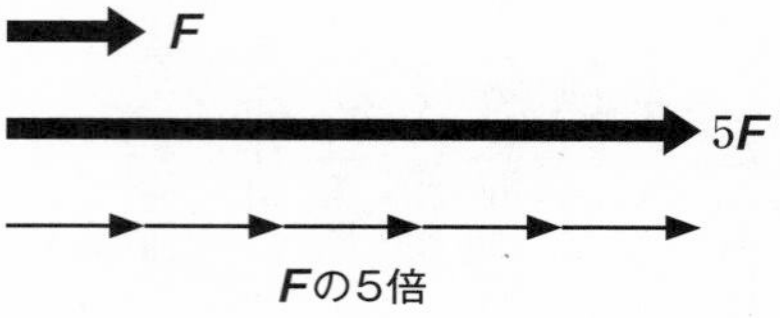

「重力質量」というものが存在することだけをお伝えしておきます。

重力質量の大きな物体は、他の物体に大きな重力（引力）をもたらし、逆に、重力質量の小さな物体は、他の物体に小さな重力をもたらします。図2－1において、もし質量m_Aのほうが質量m_Bよりも大きい（$m_A > m_B$）場合には、「物質Aが物質Bを空間を通して引っ張る力」F_Bは、「物質Bが物質Aを空間を通して引っ張る力」F_Aよりも大きくなるはずです。すなわち、$F_B > F_A$となるはずです（F_AとF_Bが太字でない理由は次項で説明します）。

直感的にも理解しやすい内容ですが、この説明がとんでもない間違いであることが、他ならぬニュートンによって示されました。いったいどういうことなのでしょうか？

⬇「ニュートンの第二法則」再考

力はベクトルなので、太字$\boldsymbol{F}$で表すという話をしました。一方で先ほど、太字ではないF_AとF_Bも登場しました。重力質量の謎に迫る前に、この点について確認しておきましょう。

図2-3

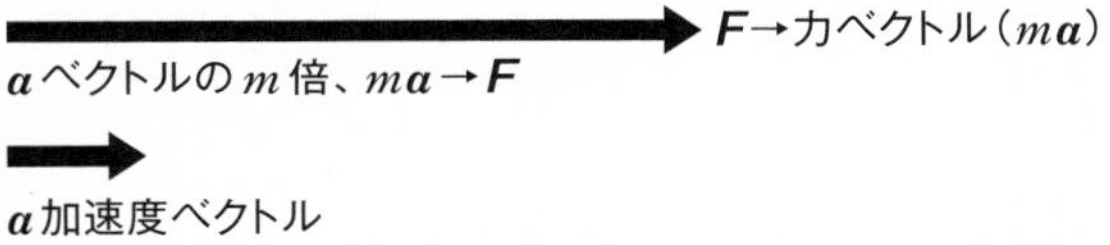

加速度***a***のm倍が力**F**に等しいので、二つのベクトルm***a***と**F**はまったく同じ長さで平行。***a***と**F**は同じ方向なので、力**F**の方向に加速が起こる

力**F**の5倍の力は、5**F**です。この5**F**における「5」は、たんに5倍を表す数値（数量）で、ベクトルではありません。しかし、5**F**は**F**の5倍の力なので当然ベクトルとなり、両者の力の向きは同じです（図2－2）。

ここで、33ページ式1－1に示した「ニュートンの第二法則」を思い出してください。式1－1の左辺は力Fを示しているので、本来はベクトルとして太字**F**で表すべきでした。そうなると、等号で結ばれている同式の右辺も、ベクトルでなければなりません。しかし、右辺中の質量mはたんなる量（スカラー量と言います）であり、ベクトルではありません。したがって、加速度aがベクトルということになり、太字で***a***と表すことになります。すなわち、**F**＝m***a***です。

右辺のm***a***は、先ほどの5**F**と同様に「数値×ベクトル」となっており、「加速度***a***のm倍が力**F**である」ことを示しています。左辺の**F**も右辺のm***a***もともにベクトルであり、力**F**と加速度***a***はまったく同じ方向を向いています（図2－3）。この関係から、質量$m$kgの物質（物体）は、それに加えられた力**F**の方向に、加速度***a***で加速されることがわかります。

ところで、「方向」を考慮せずに、力の「強さ」だけに注目する場合があります。力の「強さ」はベクトルの「矢の長さ」で表され、矢が長いほど力が強く、矢が短いほど力が弱いことを意味しています。その矢の長さだけ、すなわち「力の強さだけ」を示す場合には、太字を使わずに通常の文字で表すことになっています。

先ほど「$F_{\mathrm{B}} > F_{\mathrm{A}}$」を太字にしていなかったのは、両者の強さの関係だけを表し、方向を考慮していなかったからです。このことを念頭に置いて、いよいよ重力質量について考えてみることにしましょう。

⬇ 万有引力の法則

50ページ図2－1を再度、ご覧ください。図中の$\boldsymbol{F}_{\mathrm{A}}$は「物質Bが物質Aを空間を通して引っ張る力」で、$\boldsymbol{F}_{\mathrm{B}}$は「物質Aが物質Bを空間を通して引っ張る力」でした。この図から、二つの引っ張る力の「方向」は明らかなので、以降は方向を考慮せず、引っ張る力の「強さ」だけを考えることにします。つまり、F_{A}もF_{B}も太字ではなく、通常の文字で記します。

ここで、ニュートンが22歳だったときの偉大な発見についてご紹介します。物質Aと物質B

式2-1

$$F_A = G\frac{m_A m_B}{r^2} \qquad F_B = G\frac{m_A m_B}{r^2}$$

が、空間を通して互いに相手を引っ張る力の強さを式2－1のように表すことができる事実を発見したのです。

式2－1左が「物質Bが物質Aを空間を通して引っ張る力の強さ＝F_A」を、右が「物質Aが物質Bを空間を通して引っ張る力の強さ＝F_B」を表しています。両式の右辺の分母にあるrは、2物質間の距離（m）を示しています。分子にあるm_Aとm_Bはそれぞれ、物質Aと物質Bの質量です。

この二つの式を見て、どこか違和感を覚えないでしょうか。そうです、どちらの式も、右辺がまったく同じ形をしているではありませんか！　右辺がまったく同じであるということは、両方の式の左辺もまったく同じであることを意味しています。すなわち、$F_A = F_B$です。

先ほど「質量m_Aのほうが質量m_Bよりも大きい（$m_A > m_B$）場合には、『物質Aが物質Bを空間を通して引っ張る力』F_Bは、『物質Bが物質Aを空間を通して引っ張る力』F_Aよりも大きくなるはず」といったばかりですから、「何かの間違いでは？」と訝《いぶか》しむ人もいるかもしれません。しかし、この式にはなんの間違いもないのです。

$F_A = F_B$であることについて、図2－1では二つの矢がまったく同じ長さで描かれることで示されています。つまり、二つの点状物質AとBの質量が異なっていても（$m_A \neq m_B$であっても）、「物質Bが物質Aを空間を通して引っ張る力の強さ」F_Aと、「物質Aが物質Bを空間を通して引っ張る力の強さ」F_Bはまったく等しく、唯一異なるのは、これら二つの力の方向が「互いに逆向きになっている」ことだけなのです。

じつに奇妙な事実ですが、そのような現象が生じる理由は、二つの物質が互いに引っ張り合う重力の強さは、両者の質量の積（式2－1の分子にある$m_A m_B$）に比例し、この質量の積が物質Aにも物質Bにも同時にかかるからです。それゆえに、重力相互作用とよぶのです。

式2-2

ニュートンの万有引力の法則

$$F = G\frac{m_A m_B}{r^2}$$

二つの物質AとBの質量がどれだけ異なっていても、両者が互いに相手を引っ張る力の強さはつねに同じ、すなわち「$F_A = F_B$」ですから、「力の強さ」だけを考える場合には、もはや両者を区別するA、Bの添え字は不要です。いずれもたんにF（太字ではない）で示すことができ、式2－1は式2－2としてまとめなおすことができます。これが、「ニュートンの万有引力の法則」です。

「重力定数」G

ニュートンの万有引力の法則が示しているのは、質量m_Aをもつ物質Aと質量m_Bをもつ物質Bが距離rだけ離れている場合、両者のあいだにはたらく「引力」は、両物質の質量の積（m_Am_B）を距離の2乗（r^2）で割った値に比例するということです。そして、式2－2には、その比例定数として「G」が記されています。

このGは、「重力定数」（または万有引力定数）とよばれるものですが、この定数が必要な理由はなんでしょうか？　それは、もし重力定数Gがなかったら、式2－2は左辺＝右辺にはならず、したがって等式として成立しないからです。左辺のFは「力（その強さ）」ですから、右辺もまた「力」を示す関係式でなければなりません。しかし、二つの物質の質量と両者の距離だけでは「力」にはなりません。そこで、重力定数Gを導入することで初めて、「N（ニュートン）」を単位とする力の値を得ることができるのです。

また、右辺の分母に二つの物質の距離の2乗であるr^2が入っていることは、両物質間に作用する引力の強さは、rが大きくなるほど（二つの物質が離れるほど）小さくなり、逆にrが小さくなるほど（二つの物質が近づくほど）大きくなることを意味しています。「逆2乗の法則」とよばれるものです。

そして、重要な意味をもつのが右辺の分子です。二つの物質の質量がどれだけ異なっていても、両者が互いに相手を引っ張る力の強さがつねに同じである「重力相互作用」の骨子ともいえるのが、「m_Am_B」の部分だからです。

きわめて重要なことなので、具体的な数値を使って説明します。ある物質Aの質量m_Aが1万kg、別の物質Bの質量m_Bが2kgと、両者にかなりの質量差があったとしても、両物質間に作用する引力は二つの物質の質量の積（m_Am_B）、すなわち、1万kg×2kg＝2万kg^2に比例します。この同じ値が両物質にかかる（相互に作用する）ので、二つの質量がどれだけ異なっていても、物質Aが物質Bを引っ張る力と、物質Bが物質Aを引っ張る力はまったく等しくなるのです。

これこそが、ニュートンが発見した偉大な事実でした。

なぜ「二つの質量の積」が重要なのか

「ニュートンの万有引力の法則」をさらに掘り下げて議論してみましょう。図2-1や式2-1を思い出しながら、式2-3(1)をご覧ください。

先ほど「『重力相互作用』の骨子ともいえるのが、『m_Am_B』の部分」だと言いました。それでは、この部分はなぜ、「二つの質量の積」の形になっているのでしょうか。言い換えれば、「二つの質

式2-3

$$F_A = F_B = F = G\frac{m_A m_B}{r^2} \quad \cdots\cdots (1)$$

$$(m_A \to 2m_A) \to G\frac{2m_A m_B}{r^2}$$

$$G\frac{2(m_A m_B)}{r^2} = 2\underbrace{\left(G\frac{m_A m_B}{r^2}\right)}_{F} = 2F \quad \cdots\cdots (2)$$

$$(m_B \to 2m_B)$$

$$\downarrow$$

$$G\frac{m_A 2m_B}{r^2} = G\frac{2m_A m_B}{r^2} = 2\left(G\frac{m_A m_B}{r^2}\right) = 2F$$

$$\cdots\cdots (3)$$

量の和」や「二つの質量の比」になっていない理由はなんでしょうか。

以降、二つの物質の距離rは変えないものとします。物質Aの質量m_Aだけを2倍（2m_A）にして、物質Bの質量を変えなければ、式2-3(2)のようになります。物質Aの質量が2倍になっただけで、物質Aにかかる力も物質Bにかかる力も同時に2倍になっています。

次に、物質Bの質量m_Bだけを2倍（2m_B）にして、物質Aの質量を変えなければ、式2-3(3)のようになります。この場合も、物質Bにかかる力も物質Aにかかる力も同時に2倍になっています。つまり、(2)式も(3)式も、(1)式の2倍になっています。そして、(2)式も(3)式も「$F_A=F_B$」を維持しています。

同様に、二つの物質A、Bのうち、どちらか一方の質量が3倍になればm_Am_Bが3倍になり、両物質にかかる重力Fも3倍になります。100倍になれば100倍になり、30分の1になれば30分の1になります。

しかし、式2-1~3の分子がもし、二つの質量の積

式2-4

$$F = G\frac{(m_A + m_B)}{r^2}$$

式2-5

$$F = G\frac{(m_A / m_B)}{r^2}$$

ではなく和だったらどうでしょうか（式2-4）。和の場合、一方の質量（たとえばm_A）だけが2倍になっても（$2m_A+m_B$）、他方の質量だけが2倍になっても（m_A+2m_B）、二つの物質A、B相互に作用する重力は、「$F_A=F_B$」を維持できません。

それでは、二つの質量の比であればどうでしょう。たとえば式2-5において、m_Bは変えずに、m_Aだけを2倍にすれば、物質Aにかかる万有引力も物質Bにかかる万有引力も、同時に2倍になることは明らかです。一見、これでも良さそうに思えますが、こんどはm_Aを変えずにm_Bだけを2倍にしたらどうなるでしょうか。

質量比（m_A／2m_B）が半分となってしまい、物質Bの質量が増えると重力は減少するという奇妙な結果が生じてしまいます。質量が増えて重力が減少するのは観測事実と一致せず、大きな矛盾を生むこととなります。

結局、万有引力の法則は式2－2に示した形以外に表現法がないということになります。そして、万有引力＝重力が二つの質量の積（m_Am_B）に比例するがゆえに、たとえ両者の質量が異なっていても（$m_A \neq m_B$であっても）、$F_A = F_B$がつねに成り立つのです。

そして、「『重力相互作用』の骨子ともいえるのが、『m_Am_B』の部分」であることには、もう一つ、重要な意味があります。すべての物質は質量をもっていますから、二つの物質（物体）がなんであれ――野球のボールだろうがバスケットボールだろうが、はたまた地球だろうが――、それらがどんな物体であるかを考慮する必要はまったくなく、ただ両者のもつ質量を知るだけで2物体間に作用する引力を知ることができます。「万有引力」とよばれるようになった所以《ゆえん》です。

ところで、前述のとおり、式2－2中に現れる二つの質量m_Aとm_Bは、「重力質量」とよばれています。そして、この「重力質量」は「慣性質量」とは明確に区別されるべきです。なぜでしょうか？

慣性質量が「物体が等速直線運動を永久に保ちたいという欲望の度合い」である一方、重力質量は「重力」を引き起こす原因となるものであり、両者はまったく異質の質量だからです。しかし、誤解をしてはいけないのは、ある一つの物質（物体）が、慣性質量と重力質量の二つを別々に有しているわけではないということです。すべての物質（物体）がもつ質量は、「慣性質量」にもなりうるし「重力質量」にもなりうるのです。物質（物体）はあくまで、1種類の質量しかもっていないのです。

そして、「慣性質量」と「重力質量」にはもう一つ、面白い性質があります。

⬇慣性質量と重力質量は「同じ値」をもつ——弱い等価原理

この世界には、さまざまな種類の力が存在しています。押したり引いたりする力、電気力や磁気力、バネの力……。これらいかなる種類の力も、「物体を加速させる」能力をもっています。これは、ニュートンの第二法則「$F=ma$」からくる性質です。

重力も力の一種ですから当然、物体を加速させます。落下中の物体は、落下するにつれてその速度がどんどん大きくなり、地面に近づくにつれてどんどん速く動きます。物体が落下中に〝経験〟する加速度が、「重力加速度」です（41ページ式1－3参照）。この重力加速度について、面白い実験をしたことで知られているのが、ガリレオ・ガリレイ（1564～1642年）です。

ガリレオは、高さ55ｍのピサの斜塔から質量のまったく異なる二つの物体を同時に手放したら、両物体は水平に並んだまま落下して同時に地面に当たり、その衝突音が1回しか聞こえなかったと主張しました（この話は後世、ガリレオの弟子によって広められた作り話であるというのが近年の通説になっていますが、実験のアイデアはガリレオに由来しています）。ガリレオの主張どおりに、もし「質量の異なる2物体」が同時に地面に当たったとしたら、両物体はまったく同じ重力加速度で落下したことになります。本当でしょうか？

１９７１年に、この主張が事実であることが、ピサどころか地上を遠く離れた月面の宇宙飛行士によって証明されました。同年、アポロ計画で打ち上げられた「アポロ15号」に乗って月面に降り立ったスコット船長は、右手にハンマー、左手に羽毛をもって、同じ高さから同時に手放しました。前述のとおり、月の重力加速度は地球表面における重力加速度の約6分の1です。ハンマーと羽毛は水平に並んだまま、月の重力加速度によってゆっくりと加速されながら落下し、月の表面に同時に着地するようすが観測されたのです。

とはいえ、「衝突音を1回しか聞かなかった」というガリレオの主張を鵜呑《うの》みにすることはできません。スコット船長による月面での実験は、地上ではうまくいかないからです。落下中の羽毛は空気の影響でひらひらと舞うため、地面に到着するのに時間がかかる一方、より重いハンマーは一直線に降下し、羽毛よりも早く地面に到着します。

月面での実験は、空気抵抗のない真空中だからこそ成功したわけですが、この結果はガリレオの主張に含まれていた重要な事実を支持するものでした。すなわち、「月面のような真空中では、質量の違いに関係なく、すべての物体はまったく同じ重力加速度で落下する」ということです。

そして、この事実はさらに、「二つの物体のもつ慣性質量と重力質量は等価である」ことも示しています。これを「弱い等価原理」とよびます。「弱い」というからには「強い等価原理」もあり、こちらは物体に対する「重力効果」と「加速効果」は区別がつかず、どちらもまったく同じ効果を物体に与えるというものです。この「等価原理」こそが、アインシュタインの「一般相対性理論」を生む引き金となりました（相対性理論に関する詳細は、拙著『時空のからくり』講談社ブルーバックスを参照してください）。

⬇ なぜ点状物質を考えたのか？

さて、図2－1以降、本章ではつねに二つの点状物質について考えてきました。なぜ「点状」物質を例に考えてきたのでしょうか？　その理由は、点状であれば両物質間の距離を容易に測定できるからです。

しかし、目に見えるほど大きく、かつ、3次元の立体でいびつな形をした二つの物質を考えると、とたんに困ったことが起きます。たとえば、図2-4に示す物質Aと物質Bのあいだの距離（r）は、どこからどこまででしょうか？

「両物質の重心と重心のあいだの距離」と考える人がいるかもしれません。たしかに、ともに同じ材料からなる物質であれば、それぞれの重心を見極めることはそれほど難しくありません。しかし、物質Aと物質Bがそれぞれ、各部分が異なる物質からできている物体であったなら（その場合は物体Aと物体B）、部分部分で質量密度が異なり、重心を決定するのがかなり難しくなります。

図2-4

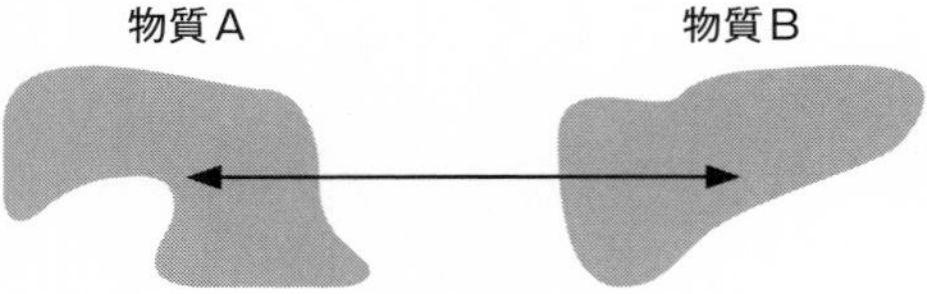

rはどこからどこまで？

結局、点状物質ではない場合にも、56ページ式2-2を用いるしかありません。ただし、式2-2はあくまでも二つの点状物質に対するものなので、図2-4に示すような物質（物体）に適用する場合には、物体を細分化することになります（実際に粉々にするわけではなく、数学的に細分化し、一つ一つの分割された領域がほとんど点に近いような粒になる状態を仮定します）。

原子の大きさにまではいたらなくとも、細分化された一粒一粒はとにかく小さい点状です。物体Aも物体Bも、おびただしい数の点状の

図2-5

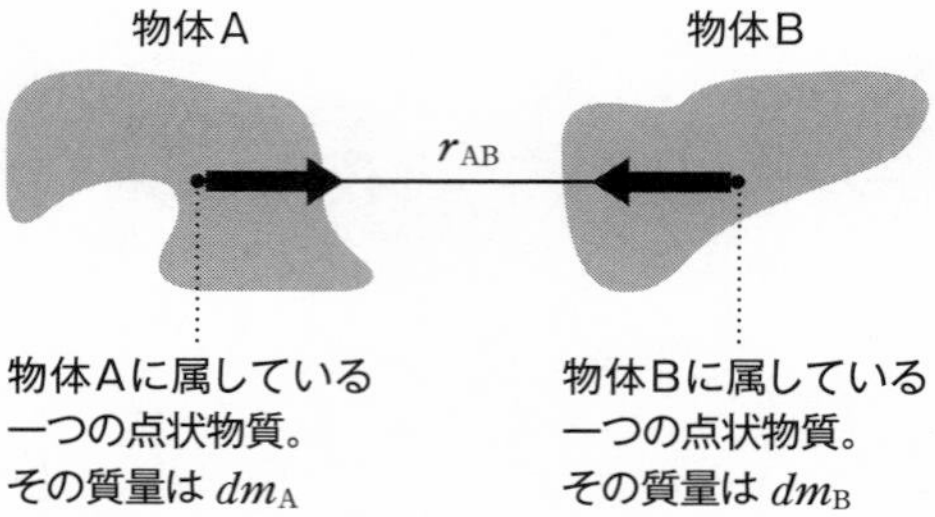

式2-6

$$dF = G\frac{(dm_A)(dm_B)}{r_{AB}^2}$$

粒から構成されていることになります。ただし、両物体は互いに異なる物体なので、物体Aの一粒一粒の質量は物体Bの一粒一粒の質量とは異なります。

そこで、物体Aの任意の部分から一つだけ粒を選び出し、物体Bからも任意の部分を占める粒を一つだけ選び出します。選び出された二つの粒（一つは物体Aに属し、もう一つは物体Bに属している）のあいだの距離をr_{AB}と表します。他の粒にはいっさい目を向けないとすると、図2-5に示すような距離r_{AB}だけ離れた二つの点状物質が浮かび上がってきます。これら点状物質の質量はいずれも、物体Aの全体の質量や物体Bの全体の質量よりもはるかに小さい微小な質量なので、この「微小さ」を強調するために「d」をつけて、それぞれdm_A、dm_Bと表します。

これら二つの点状物質は互いに引き合い、両者のあいだに重力が作用します。その重力は、と

図2-6

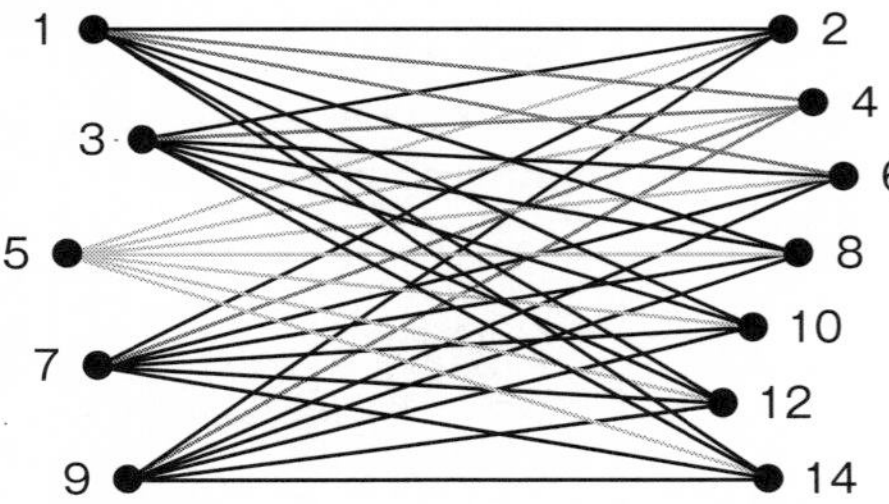

物体Aから選ばれた5個の微小粒子

物体Bから選ばれた7個の微小粒子

もに微小な質量であるdm_Aとdm_Bによって生じるので、重力の強さも微小です。微小な重力をdFで表すと、dm_Aとdm_Bによって生じる重力の強さは、式2-6となります。

続いて、物体Aと物体Bから、先ほどとは異なる位置にある微小粒子＝点状物質を任意に一つずつ選び出せば、それら二つの点状物質のあいだに作用する重力について、式2-6を用いてまったく同じように計算することができます。さまざまな点を次々に任意で選び出し、〝総当たり〟で相互に作用する重力を求めるようすを模式的に示すのが、図2-6です。

図2-6には物体Aから選ばれた5個の微小粒子と、物体Bから選ばれた7個の微小粒子が総当たりになるようにペアが描かれていますが、どのペアに対しても「$F_A = F_B$」がつねに成り立ちます。このようにして、「物体Aを構成しているすべての微小粒子」と「物体Bを構成しているすべての微小粒子」のあいだに生じる（重複していない）重力を考えて、各ペアにおける重力を計算します。

各ペアにおける重力を計算した結果をすべて足し合わせ

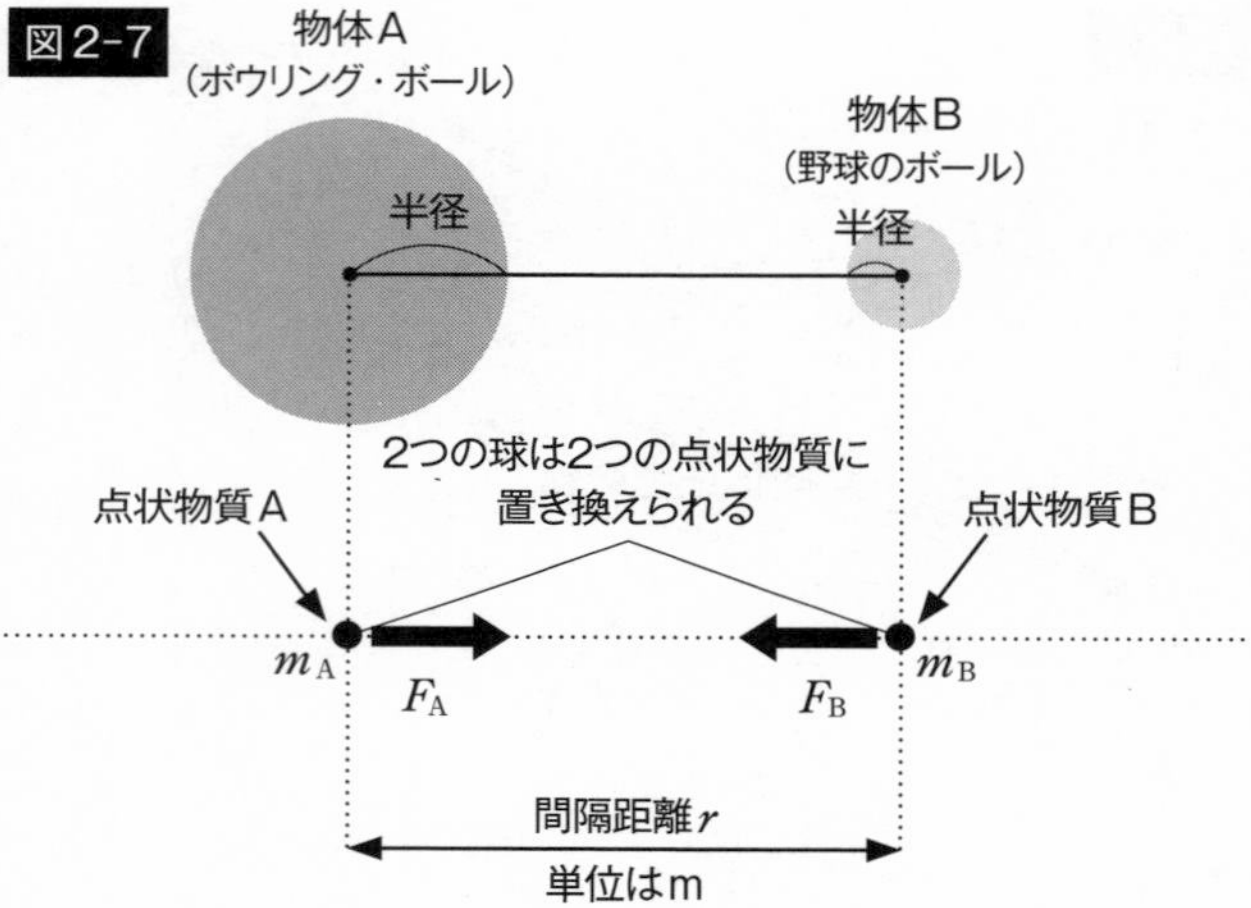

たもの（正確には、ベクトル的に足し合わせます）が、図2－5に示した物体Aと物体Bのあいだにはたらく重力ということになります。このように「足し合わせる操作」を数学では「積分する」といいますが、ここで示した例のような場合では、足し合わせるペアの数があまりにも膨大になるため、実際の計算はコンピュータに頼るしかありません。

ことほどさように、点状物質ではない物体（世に存在する物体のほとんど！）どうしにはたらく重力を求めるのは骨の折れる作業です。しかし、もし二つの物質が完全な球体であり、さらに、その質量が球内に一様に分布している（質量密度が一定である）場合には、その球体物質の全質量は球の中心に集中していると考えることができ、あたかも点状物質のようにふるまうことがニュートンによって示されています。

そのような球体は事実上、点状物質に置き換えて考えることができます。ここでは、ボウリング・ボール（物体A）と野球のボール（物体B）を例に考えてみましょう（図2-7）。ともに、質量密度が一定の完全な球体であると仮定し、両者の全質量をm_A、m_Bと示すことにします。点状物質に置き換えられたことで、両者のあいだの距離rは完全に一義的に決まります。たった一つの間隔距離しかないということです。

50ページ図2-1に示されていたように、二つの点状物質のあいだにはたらく重力（F_AとF_B）の方向は両物質を結んだ直線上にあります。以降は、このような点状物質を念頭に置いて、話を進めていきます。

作用―反作用の法則

先に、「二つの点状物質AとBの質量が異なっていても（$m_A \neq m_B$であっても）、『物質Bが物質Aを空間を通して引っ張る力の強さ』F_Aと、『物質Aが物質Bを空間を通して引っ張る力の強さ』F_Bはまったく等しく、唯一異なるのは、これら二つの力の方向が『互いに逆向きになっている』ことだけ」だと説明しました。

ニュートンによって発見されたこの事実は、「作用―反作用の法則（ニュートンの第三法則）」として知られています。一方の点状物質に作用する重力が「作用力」となり、もう一方の点状物質に作用する重力が「反作用力」となります（どちらの物質に作用する力を「作用力」「反作用力」とよんでも問題ありません）。

50ページ図2－1をあらためて振り返りながら、「作用―反作用の法則」について考えてみましょう。二つの物質が重力によって互いに加速されながら近づいている最中でも、作用力と反作用力はつねに等しく、両者の方向はつねに逆向きです。図2－1で点状物質AとBから伸びている二つの太い「力の矢」の長さが等しく、矢の向きが反対になっているのは、このことを示しています。

二つの物質は重力によって互いに加速されながら近づいていきますが、近づくにつれて作用力も反作用力もともに強くなっていきます。力が強くなるので、力の強さを示す「矢の長さ」はどんどん長くなっていきますが、その際、二つの矢の長さは等しさを保ったまま伸びていきます。なぜならその間、つねに「作用力＝反作用力」の関係が保たれるからです。図2－1の段階における二つの矢の長さを1対1とした場合、作用力＝反作用力が2倍になればその比率は2対2に、3倍になれば3対3に……といった具合に、矢の長さは等しさを保ちつづけます。

図2-8

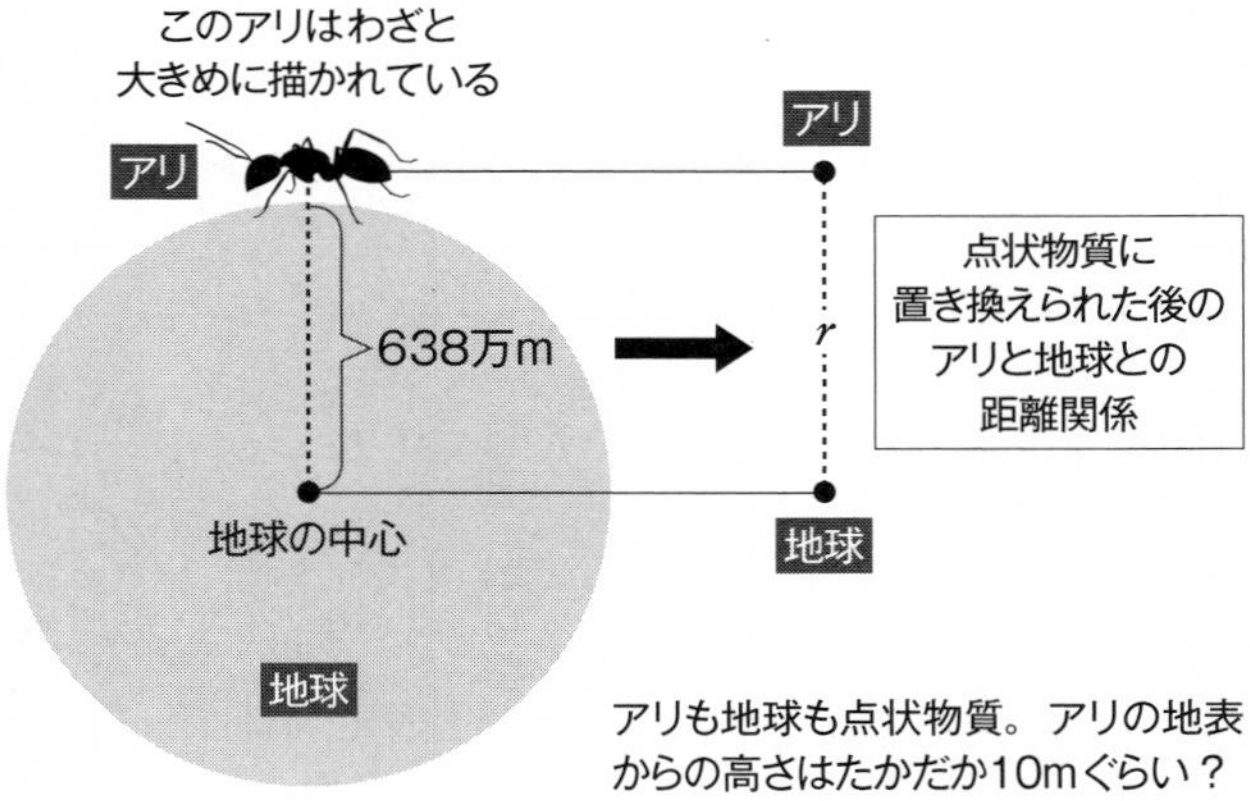

アリも地球も点状物質。アリの地表
からの高さはたかだか10mぐらい？

アリと地球はどちらが力持ち？

さて、「質量密度が一定の完全な球体」は、点状物質に置き換えることができました。そこで今、地球の全質量が地球全体に一様に分布していると仮定すると、地球は点状物質に置き換えられます。このような地球と重力相互作用を起こすもう一方の物質を、小さなアリだとしましょう。アリの大きさは、地球のそれと比べるとあまりにも小さいので、アリを点状物質と見なしてもほとんど誤差は生じません。したがって、アリも点状物質に置き換えてみます（図2－8）。

点状物質に置き換えられた後の地球と、その地上で落下中のアリとの距離rは事実上、地球の半径に等しいと見なすことができます。なぜなら、たとえば地表からのアリの高さが10mあったとし

式2-7

$F = m_{\mathrm{A}} a_{\mathrm{A}}$　m_{A}はアリの質量でa_{A}はアリの加速度。Fはアリの受ける力

$F = m_{\mathrm{B}} a_{\mathrm{B}}$　m_{B}は地球の質量でa_{B}は地球の加速度。Fは地球の受ける力

ても、地球の半径である638万mに比べれば、ゼロに等しいからです。したがって、r＝638万mとおけます。

　作用―反作用の法則によれば、地球がアリを引っ張る力（重力。こちらを作用力とします）と、アリが地球を引っ張る力（同じく重力。こちらは反作用力）とはまったく等しいことになります。繰り返しますが、56ページ式2－2に示したとおり、二つの点状物質のあいだに作用する重力は両物質の質量の積（$m_{\mathrm{A}}m_{\mathrm{B}}$）に比例するからです。

　アリの質量と地球の質量とでは雲泥の差がありますが、その積の値（$m_{\mathrm{A}}m_{\mathrm{B}}$）はアリにとっても地球にとってもまったく同じ値です。地球がアリを引っ張る重力の強さと、アリが地球を引っ張る重力の強さとが等しいというのは日常の感覚にまったく合いませんが、作用―反作用の法則は自然界を司《つかさど》る物理法則の一つであり、いまだかつてこの法則を破るような物理現象は観測されたことがありません。

「でも、いくらアリが地球を引っ張ってるといっても、地球は事実上、動かないのではないか？」という反論が容易に想像されます。これもまた、そのとおりなのです。アリにも地球にも、両者の質量の積（$m_{\mathrm{A}}m_{\mathrm{B}}$）に

比例するまったく同じ強さの重力が作用しているのですが、地球の重力質量がアリの重力質量よりも桁外れに大きいために、地球は事実上、加速されていない状態にあるのです。実際に加速されるのは、重力質量の小さなアリのほうだけです。なぜでしょうか？

ここで、慣性質量の値と重力質量の値は等しいという「弱い等価原理」がものを言います。地球の慣性質量はきわめて大きく、アリの慣性質量はきわめて小さい——慣性質量の大きい物体ほど加速されにくく、慣性質量の小さい物体ほど加速されやすい事実を思い出してください。アリはきわめて加速されやすく、地球はきわめて加速されにくいのです。これが、地球は事実上、加速されず、いくらアリが引っ張っても動かないことの説明です。

くどいようですが、アリによって地球がアリの方向に引っ張られているのはまぎれもない事実なのですが、地球の慣性質量があまりにも大きいために地球は加速されないのです。このことは、ニュートンの第二法則「$F=ma$」を使うことで、よりいっそう明確に説明できます（式2-7）。そして、作用—反作用の法則によって、式2-7に示されている二つのFの値は、アリが地上のどの高さを落下中であろうとまったく等しいので、$F=ma$から式2-8を導くことができます。

式2-8

$$\underset{\text{地球が受ける力}}{m_{\mathrm{B}}a_{\mathrm{B}}} = \underset{\text{アリが受ける力}}{m_{\mathrm{A}}a_{\mathrm{A}}}$$

式2-9

a_A はアリの加速度で、a_B は地球の加速度

$$m_B a_B = m_A a_A$$

$$\underbrace{(6 \times 10^{24}\mathrm{kg})\, a_B}_{\text{地球が受ける力}} = \underbrace{(0.000005\mathrm{kg})\, a_A}_{\text{アリが受ける力}}$$

作用一反作用の法則にしたがって

→ しかし $6 \times 10^{24} = \underbrace{6000000000000000000000000}_{\text{ゼロが24個続く}}$ だから、

式2-10

$$\underbrace{(6000000000000000000000000\mathrm{kg})\, a_B}_{\text{地球が受ける力}} = \underbrace{(0.000005\mathrm{kg})\, a_A}_{\text{アリが受ける力}}$$

地球の加速度 ↑ a_B　　アリの加速度 ↑ a_A

$$a_B = \frac{0.000005\cancel{\mathrm{kg}}}{6000000000000000000000000\cancel{\mathrm{kg}}}\, a_A$$

分子、分母のkgは相殺される

$$= \underbrace{0.0000000000000000000000000000008}_{\text{小数点以下30個のゼロが続く(ほとんどゼロ!)}}\ a_A \approx 0$$

具体的な数値を使って確認してみましょう。アリの質量を仮に5㎎とすると、m_A＝0・000005kgとなります。一方、地球の質量m_Bは6×10^{24}kgです。アリの加速度も地球の加速度も未知のままにしておくと、式2－9になります。この式の左辺に、ゼロが24個続く6000000000000000000000000を代入すると、式2－10上になります。

この式を地球の受ける加速度a_Bについて解くと（両辺を6000000000000000000000000kgで割ると）、左辺にはa_Bだけが残ります。すると式2－10下に示す結果を得ます。つまり、小数点以下にゼロが30個も続くような極端に小さな数にa_A（アリの加速度）をかけても、依然として相当に小さい値のままです。なぜなら、アリの落下加速度（a_A）は地上では10m／s^2にすぎないから。

したがって、地球の加速度a_Bは事実上、ゼロになります。アリの加速度（a_A）は決してゼロではないのですが、地球の加速度（a_B）は事実上のゼロです。このような結果になる理由は、アリの質量と地球の質量の差が、文字どおり桁違いに違いすぎるからであり、それ以外の理由はありません。結局、a_B＝0、すなわち地球の加速度はゼロとなり、「地球は動かない」という結果を得ます。アリが地球を引っ張る重力と、地球がアリを引っ張る重力がまったく等しいということから出発した計算結果です。

二つの数式の意味と意義

ここまでに、ニュートンによって発見された二つの数式を紹介してきました。

一つは、質量mをもつ物体に力を連続的に加えつづけると、その物体は加速されるという「ニュートンの第二法則」とよばれる運動の法則です（式2-11左）。この式は、たった1個の物体（質量m kg）に力F（N）が加わったとき、物体は加速度a m／s^{2}で加速されることを示しています。前述のとおり、この力は重力だけでなく、他のどんな種類の力でも同様です（電磁気力の場合には、物体が電気を帯びている必要がありますが）。

式2-11

$$F = ma \qquad F = G\frac{m_A m_B}{r^2}$$

このmは慣性質量（$F = ma$ の m）

m_Aとm_Bは重力質量

もう一つの式は「万有引力の法則」です（式2-11右）。こちらは、二つの点状物質（あるいは、ともに質量密度が一定の二つの球体）に作用している重力を表しています。

ぜひとも認識していただきたいのは、式2-11の左右に並べた二つの式が根本的に異なっているということです。式2-11左のニュートンの第二法則に現れるmは「慣性質量」であり、同右の万有引力の法則に登場するmは「重力質量」なのです。

どちらの式も、ニュートンが弱冠22歳で築き上げたものだというのですから驚きです。ニュートンが、近代物理学の基礎を築いた巨人の一人であることに異論をはさむ余地はありません。彼の築いた物理学を総称して「ニュートン力学」といいます。もしニュートンが、質量（重力質量）に起因する重力という力を発見していなかったなら、アルバート・アインシュタイン（1879〜1955年）による「一般相対性理論」の発見はなされなかったか、あるいは類似の理論が出現するのにもっとずっと長い時間を要したであろうことが容易に想像されます。

ニュートンとアインシュタイン、それぞれの重力理論

それが慣性質量であれ重力質量であれ、「弱い等価原理」から、数値で表された質量はどちらもまったく同じです。したがって、たんに「質量」とよんでおきましょう。

この世の万物は、その質量をもっています。式2-11右は、二つの物体間にはたらく重力の強さを表す最も基本的なものであり、同時に、万物に対する基本的な重力を表す式になっています。だからこそ、「万有引力の法則」として知られるようになりました。

そして、重力にこの「万有性」があったがゆえに、アインシュタインは「一般相対性理論」を構築できたのです。先に、ニュートンの功績なくして一般相対性理論は登場しなかったかもしれ

ないと述べた所以《ゆえん》です。

ところで、重力に関する理論である一般相対性理論においては、「重力」と称する「力」が姿を消すという奇妙なできごとが起こります。一般相対性理論によれば、重力が発生するのは「時空が曲がる」せいであり、物体は時空の曲がりに沿って動くのであって、力がはたらくために動くのではないのです。

どういうことでしょうか。

「時空」とは、縦・横・奥行きの3次元の空間と1次元の時間とを一緒にして「4次元時空」としたものです。この宇宙は、空間と時間を切り離せないような構造になっているため（両者は一体不可分！）、3次元空間が曲がるということは、同時に時間も曲がるということを意味しています。時間が曲がるとは、重力の強い空間において時間の遅れが生じるということです。

二つの物体が離れて存在しているとき、ニュートンの万有引力の法則では、両物体はそれぞれの質量の積に比例する力＝重力によって互いを引っ張り合います。しかし、一般相対性理論では、両物体が近づいていくのは重力のためであるとは考えません。二つの物体がそれぞれ時空を曲げ、その曲がった時空に沿って、近づいていくと主張するのです！（詳しくは拙著『時空のからくり』を参照してください）

それでは、アインシュタインと一般相対性理論の登場によって、万有引力の法則に基づく「ニニュートンの重力理論」は意味を失ったのでしょうか？　じつは、決してそうではありません。重力の弱い空間（もっと的確にいえば「重力場の弱い空間」）では、アインシュタインの一般相対性理論はニュートンの重力理論に近づくのです。

現在のところ、強い重力がはたらく宇宙的規模における重力理論は一般相対性理論です。しかし、私たちが暮らすこの地球上で、たとえば大学の実験室のような小規模の空間においては、ニュートンの重力理論で十分であり、一般相対性理論など持ち出す必要はありません。つまり、一般相対性理論を重力の弱い空間（重力場の弱い空間）に適用すると、近似的にニュートンの重力理論（56ページ式2－2）に近づくことが証明できるのです。そしてこのことが、一般相対性理論が理論的にも認められた一つの大きな理由となっています。

「時空が曲がる」とはじつに奇妙な現象ですが、アインシュタインの提唱からずっと後になって、宇宙的な規模においては「観測結果」によって裏付けられました。その一つが、2015年に観測された「重力波」の存在です。重力波は、完璧と言ってよいほどに一般相対性理論による予測と一致していることがわかったと同時に、ブラックホールの実在を、よりいっそう確実なものとしました。そして、2019年にブラックホールの初撮影に成功したことで、アインシュタインの業績はゆるぎのないものとなりました。

➡質量と重力の不可解な関係

本章を締めくくるにあたり、再度、強調しておきたいことがあります。それは、質量（重力質量）が、なぜ重力を生み出すのかはわかっていないということです。

否《いな》、正確にいえば、まったくわかっていないわけではありません。空間を隔てた二つの質量のあいだには、重力を伝達する「重力子（グラビトン）」という粒子が交換されることによって重力が発生するという理論が考えられています。しかし、現在のところ、重力子はまだ観測されていないばかりか、重力子を使った重力理論は量子力学まで踏み込まなければならず、〝臆測の域〟を脱していないのです。

さらに、一般相対性理論を表す「重力場の方程式」というものにおいては、時空を曲げる原因は「質量、エネルギー、運動量」とされていますが、なぜこれらの物理量が時空を曲げるのか、その根本的な理由はわかっていないのです。

＊

さて、「質量」と並ぶかたちで「エネルギー」という言葉が出てきました。この両者には、切っても切れない深い深い関係があるのですが、章をあらためて見ていくことにしましょう。

第3章

「質量保存の法則」とエネルギーのからくり

——掟破りを許す〝曲者〟物理法則とは？

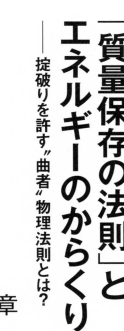

質量保存の法則

本書の主役である「重力」を生み出す源は「質量」です。それでは、その質量を直接、かつ正確に測ることのできる〝測定器〟が何か、ご存じですか？　ヒントは、ごくありふれたものであることと、最先端の超精密機器とは対照的な、どこかレトロでノスタルジックな道具であることです。

正解は――、天秤《てんびん》です。意外に思われるかもしれませんが、天秤だけが唯一、質量を直接「kg単位」で測ることのできる測定機器なのです。天秤は、決して「重さ」＝力（42ページで指摘したように、たとえば筆者の体重のような「重さ」は「地球が筆者の体を地球中心に向かって引っ張る力」です）を測るのではなく、「質量」を測る機器であることを肝に銘じておいてください。

その証拠に、月や他のいかなる惑星であっても、その表面に天秤を据えて同じ物体の質量を測ってみれば、まったく同じ数値が示されます。その理由は、「力」を測定しているのではなく、あくまでバランス（釣り合い、平衡）をとって測るものだからです。

これに対し、体重計のような測定機器では「質量」を測ることはできません。体重計で測ることができるのは「重さ」だけです。したがって、たとえば月面で体重計を用いると、地球で測った数値の約6分の1の目方しか表示されません。体重計は重力、すなわち「力」を測定する機器であり、質量を測ることはできないのです。

さて、次のような実験について考えてみましょう。ある量の氷をグラスに入れ、そのグラスごと天秤にかけて全体の質量を測ります。示された数値を正確に記録したら、氷が完全に溶けて、すべて液体の水になるまで放置します。その間、蒸発はいっさい起こらないものとします。

氷が完全に溶けて水になった後、水の入ったグラスをふたたび天秤にかけ、質量を測定します。その測定値を、先に氷がまだまったく溶けていない状態で測ったときの質量の値と比べてみると、完全に一致することがわかります。つまり、氷が溶けても溶けなくても、グラスを含む全体の質量には、まったく変化がありません（ただし、体積は変わりますから、体積あたりの質量、すなわち密度は変わります）。

氷が溶ける現象は、「物理的変化」の一種です。質量をもった、ある物理系（ここでは「氷とグラス」）が物理的変化を起こしても、その変化の前後で系全体の質量は変わりません。まったく同じことが、化学的変化に対しても成り立ちます。化学反応の前と後とで、反応に関与する物質の質量の総和は変化しないのです。

物理的変化や化学的変化を経ても、質量が消滅して「無」になったり、その反対に「無」から質量が発生したりすることは決して起こりません。そのことを「質量保存の法則」といいます。

より正確にいえば、保存される「質量の総和」は、外部から遮断・隔離された系（隔離系）内のものに限ります。先ほどの「氷とグラス」の実験で、「蒸発はいっさい起こらない」という条件をつけたのもそのためです。大学などの実験室でおこなわれる物理実験や化学実験の実験装置は事実上、隔離系になっています。隔離系の内部で何が起ころうとも——化学反応が生じようが、物理的変化に見舞われようが——、系の全質量はつねに同じ値を保ち、保存されます。

なお、質量保存の法則によって保存される質量は「静止質量」を指しています。静止質量とは、相対性理論において「静止している物体」のもつ質量のことをいいます。ニュートン力学における通常の質量のことで、一般に「粒子の質量」といえば、静止質量を指します。

エネルギー保存の法則と$E=mc^2$

前章の末尾で、質量と「切っても切れない深い深い関係がある」存在として登場したのが「エネルギー」でした。

この両者の〝仲〟をとりもつのが、「世界で最も有名な式」といっても過言ではない$E=mc^2$です。アインシュタインが1905年に発表した「特殊相対性理論」によって、私たち人類の前に突如として出現したこの式は、「光速（c）の2乗」という比例定数を介して、「エネルギー（E）と質量（m）が等価である」ことを宣言するものでした（$E=mc^2$に関する詳細は、拙著

『$E=mc^2$のからくり』講談社ブルーバックスに譲ります)。

そして、質量に「質量保存の法則」があるように、エネルギーにも「エネルギー保存の法則」が存在します。すなわち、どんなタイプのエネルギーであっても、「無」から発生したり、あるいは「無」へと消滅したりすることは絶対にありません。

社会活動に必要なエネルギーをめぐる問題は全人類共通の課題ですが、エネルギー保存の法則によれば、私たち人間には決して「新たなエネルギー」を生み出すことはできません。可能なのは、すでにこの自然界に存在しているエネルギーを活用することだけです。ここでいう「活用」とは、自然界に存在しているエネルギーを動力エネルギーや電気エネルギーなどの、私たちにとって有益なかたちのエネルギーに変換することをいいます。

「自然界に存在しているエネルギー」とはなんでしょうか。石油や石炭などの炭素化合物に蓄えられている化学エネルギー(化石エネルギー)や太陽光エネルギー、風力エネルギー、地熱エネルギーなど、人類が地上に存在するかしないかに関係なく存在するエネルギーです。

私たちは、これらエネルギーを生活に役立つかたちのエネルギーに変換して活用していますが、悲しいかな、どんなに科学が進歩しても、エネルギーを「無」から創《つく》り出すことはできません。エネルギー保存の法則が厳然と立ちはだかるからです。

「でも、エネルギーを使えば、使った分だけエネルギーは減るんじゃないの?」という疑問の声が聞こえてきそうです。たしかに、ガソリンをどれだけ満タンにしても走れば走るほどメーターは下がりますし、十分な発電ができなければ節電を求められることになります。いずれも、エネルギーが「減ってなくなる」ように見える現象です。

ここでも大切なのは、保存される「エネルギーの総和」は、外部から遮断・隔離された系（隔離系）内のものに限るという原則です。車の例でいえば、ガソリンを燃やして「走るエネルギー」として使われた分や、タイヤと地面とのあいだの摩擦熱などのように「役には立たない」まま費やされたエネルギーまで含めて、「系内の全エネルギーの増減はまったく起こっていない」というのがエネルギー保存の法則です。

⬇原子力エネルギーが巨大である理由

ところで先ほど、自然界に存在しているエネルギーについて、「人類が地上に存在するかしないかに関係なく存在する」ものだといいました。じつは、原子力エネルギーも、これに相当します。原子力エネルギーは、人類の誕生以前から原子核内に蓄えられているエネルギーだからです。

原子力エネルギーには、主として2種類あります。①核分裂反応によるエネルギーと、②核融合反応によるエネルギーです。前者は、原子爆弾や原子力発電用の原子炉で使われ、後者は、水素爆弾などの核融合爆弾で使われたほか、星（恒星）が何十億年も輝き続ける源となっています。核融合エネルギーの日常レベルでの利用は実用化されていませんが、実現すれば核分裂よりも大きなエネルギーが出ることに加え、高エネルギーレベルの核のゴミが出る心配がないというメリットがあります。

不幸にも原子爆弾等に使われたことからもわかるように、原子力エネルギーの特徴の一つは、大量のエネルギーをもたらす点にあります。その背後にも、質量とエネルギーの「切っても切れない深い関係」があり、重要な役割を果たすのが$E=mc^2$です。どういうことでしょうか。

核分裂反応も核融合反応も、反応の前後で質量が変化します（いずれも減少します）。つまり、これら「核反応」においては、質量は保存されません。「あれっ！　質量保存の法則はどこへ行ったの!?」と思われることでしょう。当然の疑問ですね。

じつは、反応の前後で減少した質量が、$E=mc^2$を通して「エネルギー化」するのです。文字どおり、質量がエネルギーに「化ける」のです。$E=mc^2$のすごいところは、秒速30万㎞というもともと大きな数値である光速（c）の2乗が比例定数として入っている点で、たとえ減少した質量がわずかなものであっても、c^2を通じて巨大なエネルギーへと変換されます。これが、原子力エネルギーが莫大なものである理由です。そしてもちろん、この「質量のエネルギー化」を加味すると、核反応においても質量保存の法則は守られています。

なお、$E=mc^2$のかたちから容易に想像がつくように、質量のエネルギー化とは反対の、エネルギーが質量に「化ける」という現象も起こります。質量をもつもの＝物質なので、こちらは「エネルギーの物質化」とよんでおきましょう（107ページ参照）。

➡エネルギーとはなにか

$E=mc^2$を通して互いに相手へと変換しうる質量とエネルギーには、ともに数量（大きさの多寡）で示すことができるという共通点がある一方、大いに異なる点も存在しています。前者は物質として形や大きさがあり、見たり触れたりすることが可能であるのに対し、後者には形がなく、通常は見たり触れたりすることもできません。質量に比べ、エネルギーのほうがとらえどころがない、といえそうです。

実際、「いったいエネルギーとはなんなのか？」と問われると、物理学者ですら戸惑いを覚えます。あえてざっくりと表現すれば、「エネルギーとは、変化をもたらす大元締めである」といえるでしょう。物理的変化や化学的変化に加え、生物学的な変化を引き起こすのも、エネルギーの〝仕業〟です。

たとえば、熱を加えられた物質には、なんらかの変化が生じます（溶けたり蒸発したりする物理的変化や、色が変わったり匂いを発したりする化学的変化が起きます）。熱もエネルギーの一種です。

あるいは、高いところから大きくて重い物体を落とすことを考えてみましょう。その物体の真下には、やはり大きなスイカが置いてあるとします。スイカの真上で重い物体を放してやると、その物体は直下のスイカを直撃し、スイカは割れてしまいます。スイカはなぜ、割れるのでしょうか？

その理由は、高所にあった重い物体には、放される前からすでに、その高さに応じたエネルギーが蓄えられているからです。この「高さに応じて蓄えられているエネルギー」が、重い物体の真下にあるスイカにエネルギーを与えるために、スイカは割れてしまうのです。落とされる物体のもといた高さが高ければ高いほど、その高さに応じて蓄えられているエネルギーは大きくなり、その真下にあるスイカが物体とぶつかった瞬間に受ける衝撃も大きくなります。

落とす高さが低ければ数片に割れるだけのスイカも、かなりの高さから落ちてきた重い物体とぶつかれば、果肉が砕け散って木っ端微塵《こっぱみじん》になってしまうかもしれません。この「高さに応じて蓄えられているエネルギー」のことを、潜在的なエネルギーという意味で「ポテンシャルエネルギー」といいます。この例の場合は、重力ポテンシャルエネルギーということになります。

エネルギーには多種多様な形態がありますが、いずれもエネルギーそのものを直接見て、視覚的にとらえることはできません。しかし、エネルギーを感じることはできます。

たとえば、エネルギーを「熱」として感じることのできる場合があります。物体の温度を上昇させるには、その物体に熱を加えなければなりません。温度の上昇は「温度変化」です。物体内になだれ込むとき、熱は「熱エネルギー」として作用します。その熱エネルギーが、温度変化をもたらすのです。

本書では、最もイメージの湧《わ》きやすいエネルギーの定義として「エネルギーとは、目には見えなくとも、系に変化をもたらすもの」ということにしましょう。もしエネルギーが存在しなかったら、この世に「変化」という現象はいっさい起こりません。

そして、どんなタイプのエネルギーにも、必ずその源＝エネルギー源があり、決して「無」から発生することはありません。また、エネルギーそのものは、決して消滅することもありません。繰り返しになりますが、「隔離系内における全エネルギーはいっさい増減することなく、時間に関係なくつねに一定量を保つ」というエネルギー保存の法則が成り立っているからです。そして、特殊相対性理論による$E=mc^2$を考慮すれば、「質量とエネルギーは同時に保存される」ということになります。

ところが面白いことに、その$E=mc^2$と〝結託〟して、なんと「無」からエネルギーを生ぜしめる〝曲者〟がいるというのです。その曲者の名を、「不確定性原理」といいます。

「量子力学の精髄」

「不確定性原理」についてお話しするためには、どうしても量子力学の基礎に関して触れておかなければなりません。〝真打《しんうち》〟が登場するまで、今しばらくお待ちください。

量子力学の大きな特徴の一つとして、ミクロな「粒子」が、同時に「波（波動）」としての性質をもっているという「粒子と波動の二重性」が挙げられます。波というものは「空間中のある一点」に集中して存在することができず、空間に「ある広がり」をもって存在します。このように、粒子とはまったく異なる性質をもつ波が、ミクロな粒子の二重性として現れることに驚きを禁じえませんが、これは実験的にも確認できる事実です。

リチャード・ファインマン（１９１８〜１９８８年）が「量子力学の精髄《せいずい》」とよんだことで有名な「二重スリット実験」をご紹介しましょう（図３－１）。電子銃のような、単独の粒子を１個ずつ射出できる装置を使って、粒子の到達を記録できるスクリーンに向けて発射することを繰り返します。スクリーンまでのあいだに何もなければ、スクリーン上にはポツポツとランダムな粒子の痕跡が残るだけです。

図3-1

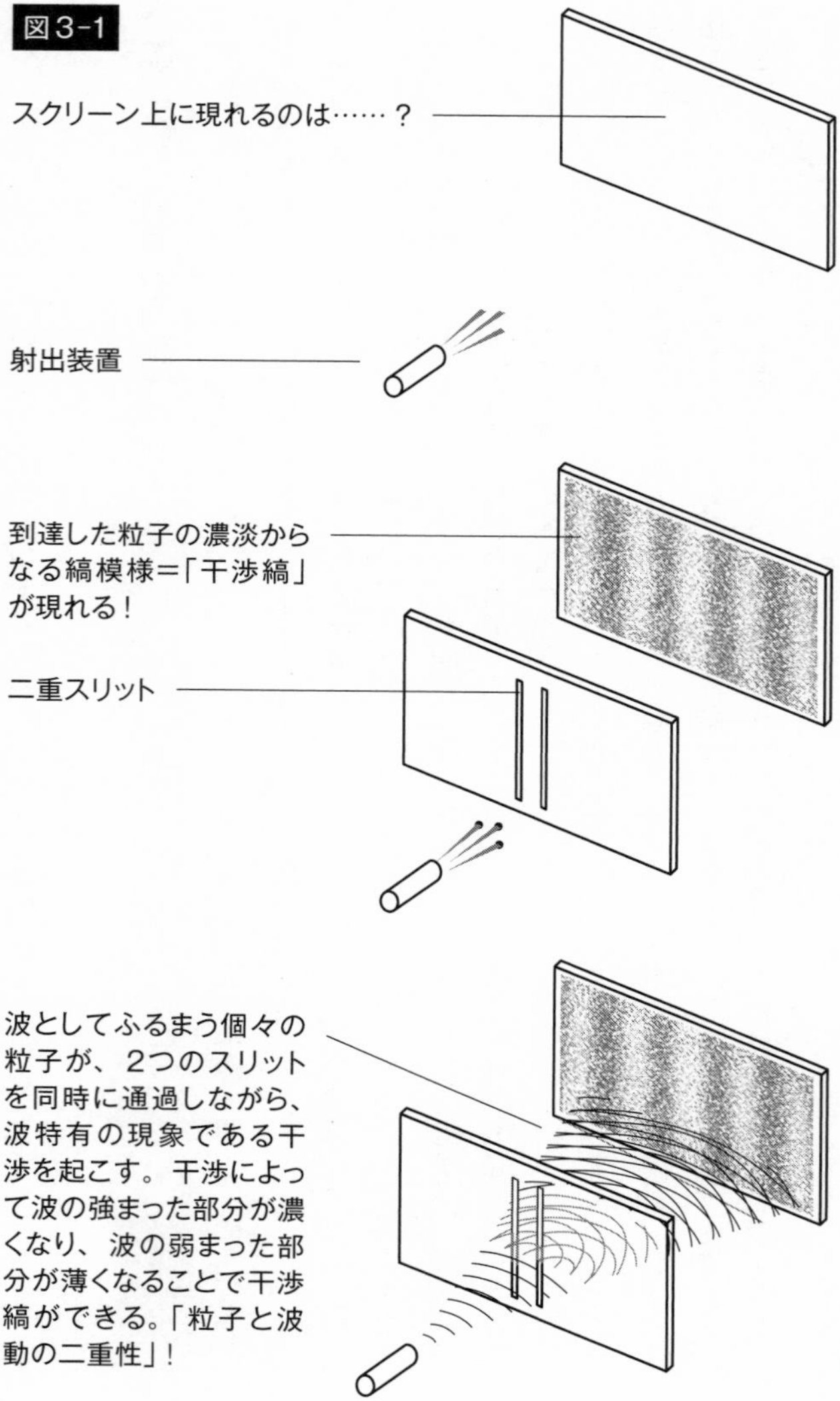
スクリーン上に現れるのは……？
射出装置
到達した粒子の濃淡からなる縞模様＝「干渉縞」が現れる！
二重スリット
波としてふるまう個々の粒子が、2つのスリットを同時に通過しながら、波特有の現象である干渉を起こす。干渉によって波の強まった部分が濃くなり、波の弱まった部分が薄くなることで干渉縞ができる。「粒子と波動の二重性」！

ところが、射出装置とスクリーンの途中に、二つのスリット（縦長の細い切れ込み）があけられた衝立《ついたて》を設置すると、結果がガラリと変わります。射出された粒子は当然、二つのスリットのどちらかを通らなければスクリーンに到達できないので、スクリーン上には二つのスリットと同じ形をした、二つのスリット像だけが現れるはずです（スクリーン上のスリット像はいくらかぼやけますが）。しかし、実際のスクリーン上には二つのスリット像だけでなく、無数のスリット像が現れます。そして、この無数のスリット像がスクリーン上に「縞模様《しま》」を作り出すのです。

この縞模様は「干渉縞」とよばれ、波に特有の現象である「干渉」によってのみ描かれうるものです。そして、二つのスリットの存在だけで干渉が起こるためには、射出された1個の粒子が二つのスリットを同時に通過しなければなりません。

1個の粒子が二つのスリットを同時に通過する!?——このような摩訶《まか》不思議な現象が起こるためには、二つのスリットを通過する際、個々の粒子が波としてふるまっていると考えるしかありません。これが「粒子と波動の二重性」とよばれる性質ですが、より詳しくいうと、射出された個々の粒子は「二つのスリットを通過してスクリーンにぶつかるまで」は波になっていて、「スクリーンにぶつかった瞬間」に粒子として痕跡を残しているのです。そのような粒子の痕跡全体をまとめて見たときに、二つのスリットで生じた干渉の結果として、干渉縞が描かれるというわけです。

⬇「観測」と「状態」——波動関数の威力

二重スリット実験における「スクリーンにぶつかった瞬間」は、「粒子を検出した瞬間」でもあり、そのような検出行為を「観測」とよびます。じつに奇妙なことですが、ミクロな粒子が波としてふるまっているあいだは、どんな方法を用いても波そのものを観測することはまったく不可能であり、観測された瞬間に点状の粒子として姿を現すのです。

では、この観測不可能な状態とはなんでしょうか。ひと言でいえば、量子力学の礎《いしずえ》を築いた物理学者の一人、エルヴィン・シュレーディンガー（1887〜1961年）による「シュレーディンガー方程式」の解なのですが、これを正確に理解するには、量子力学を本格的に学ぶしかありません。ここでは、この方程式の解が「波動関数（状態関数）」とよばれており、その2乗をとった値が「二重スリット実験で射出された粒子が、スクリーン上のどこで検出されるかの確率を表している」ことだけを知っておいてください。

観測されていないときは「波」としてふるまい、観測された瞬間に波動関数が示す確率にしたがって「粒子」として姿を現す——これが、「粒子と波動の二重性」とよばれるものです。

ところで、先ほど（　）に入れて示したように、波動関数には「状態関数」という呼び方もあります。ミクロな粒子を扱う量子力学において、「状態」という概念が重要な役割を果たすからです。そして、この「状態」をめぐって、「不確定性原理」がその姿を現すことになります。順を追って見ていきましょう。

「粒子の状態」とはなんでしょうか。その粒子の「位置」や「エネルギー」「時間」、その粒子がもつ「運動量（質量と速度との積）」や「自転状態（スピン）」などの物理量を指します。これら粒子の状態は無数にありえますが、たくさんの候補のうちどの状態が選ばれるのかは「確率的」に決まり、粒子が実際にどの状態を選んだのかは、実際に測定してみて初めてわかります。「確率的」という表現を見てピンと来た方は、物理のセンスに富んだ人でしょう。そうです、「どの状態が選ばれるかの確率」は、波動関数によって計算できるのです。波動関数が「状態関数」という別称をもつ所以です。

たった1個の粒子に対しても無限ともいえるほどたくさんの「状態」がありえますが、実際に個々の粒子は、ある状態から別の状態へと容易に移り変わります。状態の移り変わりのことを「遷移《せんい》」といいますが、その移り変わりの生じる確率、すなわち「遷移確率」もまた、波動関数＝状態関数を用いて計算することができます。

波動関数はまさしく、〝量子力学の女王〟といっても過言ではありません。

⬇ハイゼンベルクとボルンの貢献

さて、量子力学の確立に貢献した偉大な物理学者の一人であるヴェルナー・ハイゼンベルク（1901～1976年）は、シュレーディンガー方程式とは独立に、運動量や位置といった「粒子の状態」を示す物理量を「行列」にして扱う「行列力学」を完成させました。ハイゼンベルクの行列力学は、数学的にはシュレーディンガー方程式とまったく同じ結果を導き出すことがわかったのですが、同時代の物理学者であるマックス・ボルン（1882～1970年）らによって、その行列式中に〝とんでもない事実〟が隠されていることが見出されたのです。

それ以前から、空間における粒子の「位置」と「運動量」が互いに対《つい》になっていること、同様に「エネルギー」と「時間」も互いに対になっていることがわかっていました。ハイゼンベルクの行列式からボルンが気づいたのは、それぞれ対になっている二つの「状態」のあいだに〝奇妙な関係〟が存在することでした。たとえば「位置」と「運動量」に関していえば、粒子の位置を正確に測定しようとすればするほど、運動量の値はあやふやになっていき、逆に、運動量を正確に測定しようとすればするほど、粒子の位置があやふやになってしまうのです。

ここでいう「あやふや」とは、測定手段のピントが合っておらず、値がぼやけているといったような意味ではありません。測定精度の問題ではなく、原理的に求まらないということなのですが、それについては後ほど、あらためて詳しく説明します。

そして、まったく同じことが、もう一つの対である「エネルギー」と「時間」についてもいえました。エネルギーの値を正確に測ろうとすればするほど、測る時間をより長くしなければならず、逆に、測定時間を短くすればするほど（時間間隔が短いほど）、エネルギーはあやふやな値になってしまうのです（「とりうるエネルギーの幅」が大きくなる）。

対の関係にある一方の値を正確に知ろうとすればするほど、他方の値が不正確になる（その値がとりうる幅が大きくなる）――これこそ、「ハイゼンベルクの不確定性原理」とよばれるもので、この関係を見出したボルンはもちろん、ハイゼンベルクをはじめとする当時の量子力学に携わっていた研究者たちはみな、驚きのあまり、すっかり興奮してしまったといわれています。

➡「値が定まらない」とはどういうことか

「不確定性原理」について、あらためてまとめ直しましょう。

①粒子の位置と運動量を同時に正確に測定するのは、原理的に不可能である。一方を正確に決めるには、他方を犠牲にしなければならない。粒子の位置を正確に決めてしまうと運動量の値がまったくわからなくなり、逆に、粒子の運動量の値を正確に決めてしまうと位置がまったくわから

なくなる——粒子は、「この宇宙のどこかにいる」としか言いようがなくなる。
②粒子のエネルギーと、エネルギーを測定する時間間隔は、同時に正確に決めることができない。一方を正確に決めると、他方の値はまったくわからなくなってしまう。

なんとも不思議な性質ですが、ミクロの世界における「粒子と波動の二重性」は、不確定性原理に深く根差していることが解き明かされています。そして、「粒子性」と「波動性」を併《あわ》せ持つ存在は、「量子」とよばれることになりました。量子をめぐる物理学が「量子力学」です。

さて、不確定性原理によれば、エネルギーを測定する時間を無限に長くとったときのみ、エネルギーの値を正確に求めることができますが、測定時間が有限の場合には、エネルギーの値は定まりません（このあたりの記述は、厳密には正確性を欠きますが、本書の範囲では大づかみな理解を優先します）。ここで「エネルギーの値が定まらない」という意味を、より深く考えてみましょう。

「エネルギーと時間とのあいだの不確定性原理」によれば、測定する時間間隔が短ければ短いほどエネルギーの値はあやふやになり、正確な値からどんどん遠のいてしまいます。たとえば、エネルギーの測定値が正確に１００ジュール（ジュール＝Ｊはエネルギーの単位です）であったとしましょう。正確に１００Ｊということは「確定値」ですから、不確かさはまったくのゼロで、とりうるエネルギーの幅もゼロになります。このような確定値を得るためには、測定時間を無限大にしなければなりません。

逆に、測定する時間間隔をたとえば0・00000000000000000000000000000001秒のように極端に短くすると、時間がほとんど確定することで「エネルギーがとりうる幅」はきわめて広くなり、その幅に収まるうちの、いったいどのくらいのエネルギーなのかがまったくわからなくなってしまいます。つまり、エネルギーの値は確定されません。

たとえば、エネルギーがとりうる幅が2Jから500億Jであるとしましょう。測定されたエネルギーの値は下限の2Jかもしれないし、34Jとか5万7898Jとか778万8962Jといった、その幅に収まる中途半端な値かもしれません。もちろん、上限の500億Jの可能性も考えられ、とにかく2〜500億Jのあいだのどれかの値であるわけです。

⬇量子力学が成り立つ条件

エネルギーと時間のあいだにおける、このような関係を表したのが、式3-1のアミカケ部分です（正確には、左辺イコール右辺ではなく、下部に示すように不等号が含まれますが、ここでは説明の都合上、等号が成り立っているとして話を進めます）。

式3-1において、右辺の値が10^{-34}になっている点に注目してください。小数点以下に0が33個

式3-1

$\Delta t =$ 時間のあやふやさの幅（時間間隔）

$\Delta E =$ エネルギーのあやふやさの幅

ギリシャ文字
Δ（デルタ）は
"幅"を表す

$$\Delta E \Delta t = \frac{\hbar}{2} = 一定$$

$$\frac{\hbar}{2} = 0.52729 \times 10^{-34} \mathrm{J \cdot s}$$

正確には

$$\Delta E \Delta t \geq \frac{\hbar}{2} \quad （それでも \frac{\hbar}{2} 自身は一定値）$$

も並ぶ、ほとんどゼロに近い値です（その背景には、量子力学に特有の「プランク定数」の存在があるのですが、これについては後述します）。これほど小さな数値は、私たち人間の感覚としてはほとんどゼロに等しいですが、ミクロの世界を扱う量子力学においては決して無視できる値ではありません。このような小さな値を取り扱うからこそ、量子力学が成り立つのです。

さて、式3－1に示すように、エネルギーのあやふやさの幅（ΔE）と時間のあやふやさの幅（Δt）の積が一定であるということは、ΔEが大きくなればΔtが小さくなり、逆に、ΔEが小さくなればΔtが大きくなるということです。

図3-2

$$\Delta E_{\Delta t} = \frac{\hbar}{2} = \text{一定}$$

借入金額が大きい。金額に大きな幅がある。たとえば100円から1億円のあいだ？ 金額が確定していない。金額を「**不確定**」としよう

返済期間が短い（すぐ返す）。時間間隔が短く、返済時期がほぼ確定している厳しい条件！ もし時間間隔（幅）がゼロの場合は、5時とか6時とかいうハッキリとした「**確定時間**」となる

$${}_{\Delta E}\Delta t = \frac{\hbar}{2} = \text{一定}$$

借入金額が小さい。金額の幅が狭いので、金額がほぼ確定している。金額「**確定**」としよう

長い返済期間。返済時期がほとんど確定していない（あるとき払いの催促なし？）。時間「**不確定**」としよう

この関係を、銀行からの借入金の例で視覚的に体感してみましょう（図3－2）。借入金がエネルギーに、返済期間が測定時間に相当します。

ある日突然、銀行に行って「100億円を融資してくれ」と頼んでも、それ相応の担保やきわめて信頼度の高い保証人を用意しないかぎり、引き受けてはくれないでしょう。でも、「100億円を1秒間だけ貸してくれ」と頼んだらどうでしょうか？

これだけ短い時間なら貸してくれそうですね。なにしろ、窓口でお金を受け取った1秒後にはすぐ返すのですから、銀行側に貸し倒れのリスクはありません。これは極端なケースだとしても、借入金額が大きいほど返済期間は短くなり、借入金額が小さ

いほど返済期間は長くなるという関係を視覚的に描いたのが図3－2です。いわば、「借入金と返済期間に関する不確定性原理」です。

不確定性原理のイメージがいくらかでも摑めたでしょうか。

「反粒子」とは何者か

ところで先ほど、不確定性原理のことを〝曲者〟と表現しました。お金の貸し借りに喩《たと》えたことで〝曲者〟感がいや増してきましたが、不確定性原理の曲者ぶりを本当に理解するためには、粒子というものが備えるある性質について知っておく必要があります。

現在の物理学では、たとえいまだ実際に検出されたことのない粒子であっても、あらゆる既知の粒子に対して、その「反粒子」が存在するという理論が確立されており、電子や陽子の反粒子は実際に観測されています。粒子と、その粒子に対応する反粒子は質量が等しく瓜二《うりふた》つですが、ただ一つ、異なる点があります。反粒子の電荷の符号が、粒子の電荷の符号の反対になっているということです。「電荷」について詳しくは後述しますが、ここでは、粒子が帯びている電気といったざっくりとしたイメージでとらえてください。電荷にはプラスとマイナスの二つの符号があり、たとえばある粒子がプラスの電荷をもっていたなら、その反粒子の電荷はマイナスになっているという具合です。

さて、反粒子という不可思議な存在は、どのような経緯で発見されたのでしょうか。

1928年、イギリスのポール・ディラック（1902〜1984年）は、アインシュタインの特殊相対性理論の要請を満足するような電子に対する波動方程式を導きました。このディラックの方程式によって、電子の属性として質量と電荷のほかに、「スピン」があることが判明しました。さらに驚いたことに、通常はマイナスの電荷をもつ電子とは反対に、プラスの電荷をもつ電子もまた、この世に存在しなければならないことがわかったのです。

4年後の1932年、アメリカのカール・デイヴィッド・アンダーソン（1905〜1991年）は、宇宙線の中からプラスの電荷をもつ粒子を発見し、この粒子がディラックが理論的に予言したプラスの電子とぴたりと一致したのです。このプラスの電子は、「反電子」であるということになり、反電子はプラスの電荷をもつことから「陽電子」と命名されました（〝陽〟はプラスという意味）。

自身が導いた方程式に、電子は生まれつきスピンしていること、反電子たる陽電子の存在がはっきりと予測されていることを知ったディラックはすっかり驚いてしまい、「私の方程式は私より賢い」と言ったそうです。

1955年には、エミリオ・セグレ（1905〜1989年）とオーウェン・チェンバレン

（１９２０〜２００６年）が、カリフォルニア大学バークレー校の粒子加速器を使って「反陽子」を実験的に発見しました。その翌年の１９５６年には、「反中性子」も発見されています。

ディラックが「私の方程式は私より賢い」と語ったとおり、反粒子が続々と私たちの目の前に姿を現しはじめたのです。

じつは、反粒子のふるまいにも、エネルギー保存の法則が大いに関係しています。

ある粒子とその反粒子とがぶつかると、両者ともに完全に消滅し、その消滅地点には純粋なエネルギーからなる電磁波（光）が発生します。粒子と反粒子の対（ペア）が消滅することから、「対消滅」とよばれる現象です。対消滅の際に電磁波が発生するのは、これによって粒子と反粒子がもっていたエネルギーが保存されるからです。ここでも、エネルギー保存の法則は〝鉄の掟〟として、厳格に守られています。

粒子とその反粒子は、電荷の符号が互いに反対になっていることだけが唯一の相違点で、質量もまったく同じです。プラスの電荷をもつ陽子の反粒子である反陽子の電荷はマイナスです。

例外は電荷をもたない光子で、光子の反粒子は光子そのものです。

準備が整ったところで、いよいよ不確定性原理の曲者ぶりに迫っていくことにしましょう。なお、ここでは「エネルギーと時間」に関する不確定性原理についてのみ議論します。

先ほどの、借入金をエネルギーに、返済期間を測定時間に喩えた「借入金と返済期間に関する不確定性原理」を思い出してください。借入金額が大きいほど返済期間は短くなり、借入金額が小さいほど返済期間は長くなるという関係を示したものでした。

じつは、不確定性原理によれば、これとまったく似たような現象がこの宇宙で実際に起こりうるのです。どういうことでしょうか。

驚くなかれ、何もないはずの空っぽの空間、すなわち「真空」からエネルギーを借りてきて、そのエネルギーが$E=mc^2$を通して質量m（kg）をもつ粒子へと変身し、結局、真空（何もないはずの空っぽの空間！）から忽然《こつぜん》と粒子が出現することになるのです。

まるで手品のようですが、これを可能ならしめるのが不確定性原理の曲者たる所以です。

あらためて、不確定性原理は「何が不確定なのか」ということを考えてみましょう。

真空から出現した粒子は、いつまでも空間にあり続けることはできません。永遠に存続することは決して許されず、ある時間が経つと、ふたたび真空へと舞い戻り、消え失せてしまうのです。つまり、真空から出現した粒子の寿命はごく短く、すぐに真空に消滅してしまうのですが、その粒子の寿命（時間）がはっきりせず、あやふやなのです。

式3-2

$$\hbar = \frac{h}{2\pi} = 1.054571596 \times 10^{-34}\,\mathrm{J \cdot s}$$

（hはプランク定数で、
その値は6.6261×10^{-34}J・s）

同時に、その粒子のエネルギーの値もまたあやふやで、はっきりした数値はわかりません。このあやふやさこそ、不確定性原理のいう「不確定」です。

ただし、いくら「不確定」であるとはいえ、どんな値でも取りうるという〝無制限の自由〟を許されているわけではありません。むしろ、「不確定の幅」に制限をかけていることこそ不確定性原理の本質であり、その制限の幅を示すものが100ページの式3－1なのです。

式3－1の$\hbar$は「ディラック定数」とよばれ、その値は式3－2に示すとおりです（なお、式3－2中のhは、100ページで少し触れた「プランク定数」です。第4章で説明します）。

二つの式をふまえてあらためて説明しますと、不確定性原理が示す「不確定」は、ディラック定数を2で割った値（$\hbar$／2）によって制限を受けるということです。エネルギーの不確定さを示すΔEの値も、粒子の寿命の不確定さを示すΔtの値も、$\hbar$／2によって制限を受け、決してまったくでたらめの不確定さをもてるわけではありません。

ここまでは、「はっきりしない」とか「あやふや」といった表現を用いてきましたが、式3－

1と式3－2に示される関係式によって、その「あやふや」さには、ある一定の解像度が与えられると言い換えてもいいでしょう。

真空を覆う「雲」

さて、エネルギーと時間との不確定性原理によって、「何もないはずの空っぽの空間＝真空から忽然と粒子が出現する」のでした。その忽然と出現した粒子は、真空から借りたエネルギーが $E = mc^2$ を通して物質化した m（kg）の質量をもちます。これが、88ページで紹介した、エネルギーが質量に化ける「エネルギーの物質化」という現象です。

エネルギーと時間の不確定性原理によって真空から飛び出てきた粒子は、$\hbar/2$ によって制限を受けるきわめて短時間のうちに真空へと戻り、消滅してしまいます。このような粒子の生成・消滅は、決して珍しい現象ではなく、じつは真空のあちこちで繰り返されています。これら無数の粒子の存在は、「無からエネルギーが生じている」ことに他ならないので、鉄の掟であるはずの「エネルギー保存の法則」が破られていることになります。

しかし、ご安心ください。その掟破りには $\hbar/2$ という厳しい制約条件が課されており、それによって可能となるごく短い時間、すなわち Δt のあいだだけ存在を許され、すぐにまた真空へと

舞い戻って消滅してしまうというわけです。

このような粒子は、どんなに感度の高い高性能の観測機器を用いても、決して観測されることはありません。観測不可能なこうした粒子は、バーチャルな存在という意味合いから「仮想粒子」とよばれています。

拙著『真空のからくり』（講談社ブルーバックス）で詳しく紹介したように、「何もない空っぽの空間」であるはずの真空は、じつはこれら無数の仮想粒子によって、人知れずざわめいています。不確定性原理の許す時間の範囲内で生成・消滅を繰り返す仮想粒子は、誰にも観測されることなく（存在を知られることなく）、しかしたしかに真空中にその姿を現しているのです。このような現象がそこかしこで起きている真空は、いわば大量の仮想粒子がつくる雲によって覆《おお》われていると言えるでしょう。

➡真空のエネルギー登場――「ラム・シフト」と「カシミール効果」

仮想粒子をめぐる、じつに興味深い話をご紹介しましょう。

前述のとおり、仮想粒子はどんなに高性能の観測機器を用いても決してその姿をとらえることのできない観測不可能な存在です。

「いかなる手段を講じても絶対に見えないのなら、そんなものは存在しないのと同じではないか！」――そう考える人も多そうです。

ところが、まったくもって「同じではない」のです。

個々の仮想粒子は、エネルギーをもっています。そして、これら仮想粒子たちのもつエネルギーは「真空のエネルギー」とよばれ、実際にそのエネルギーの作用を観測することができるのです。観測不可能な仮想粒子のエネルギーが観測できる!?

じつに奇妙な話ですが、まぎれもない事実です。仮想粒子による真空のエネルギーは、水素原子のもつエネルギーに作用することができ、その結果、水素原子のエネルギーがほんのわずかばかり変化します。この真空のエネルギーによるエネルギー変化は、1947年にアメリカのウィリス・ラム（1913〜2008年）らによって発見されたため、「ラム・シフト」とよばれています。

真空のエネルギーはまた、「カシミール効果」によっても実証されています。カシミール効果とは、1948年にオランダのヘンドリック・カシミール（1909〜2000年）らによって予測されたもので、真空中に2枚の金属板をきわめて微小な間隔だけ離して置いた際に、両板のあいだに力がはたらく現象が起こるとされました。カシミール効果は1997年、アメリカのスティーブ・ラモロー（1958年〜）による実験で実証されました（前掲の『真空のからくり』

参照)。

真空のエネルギーという言葉にはどこか語義矛盾を感じてしまいますが、その存在はもはや、ゆるぎのないものです。真空のエネルギーはまた、「ゼロ点エネルギー」としても知られています。ゼロ点の「ゼロ」は、温度が絶対ゼロ度という意味です。絶対ゼロ度は摂氏マイナス273・15度で、これはこの宇宙における温度の下限を示しています。

宇宙の下限温度においてもエネルギーを生じせしめる——不確定性原理と仮想粒子が織りなす現象の面白さがここにあります。

式3-3

$$\Delta E = \Delta mc^2$$

式3-4

$$\Delta mc^2 \Delta t \geq \frac{\hbar}{2}$$

なお、$E=mc^2$において、c^2は光の速度(秒速約30万km)を2乗したものですから当然、一定値です。したがって、エネルギーの不確定さΔEは、真空から出現した粒子の質量の不確定さΔmとc^2との積として表され(式3-3)、不確定性原理は式3-4に示す形になります。

ここでΔmは、真空から出現した粒子の質量の不確定さを示しています。この質量の不確定さΔmは、右辺の$\hbar/2$に影響を受けます。粒子の質量の幅Δmは、たとえば10^{-28}kgから10^{-25}kgのあいだにある、さまざまに異なる値という具合になりますが、そのうちの具体的にどの値になっているのかは、私たち人間にはまったく知るすべがありません。

まったく同じことが、真空から出現した粒子の寿命（仮想粒子が真空に戻り、消滅してしまうまでの時間）Δtについても言えます。

⬇電荷のからくり

さて、不確定性原理によって真空中に現れる仮想粒子ですが、無条件にどんな粒子でも生じる、というわけではありません。エネルギー保存の法則であれば、$\hbar/2$という制約条件下でちょっぴり逸脱できる不確定性原理にも、決して破ることのできない物理法則があるからです。「電荷保存の法則」です。なぜ、この法則を破ることができないのか？——まずは、先ほども登場した「電荷」について、少し掘り下げて説明しましょう。

この宇宙に存在するほとんどの素粒子は、電荷をもっています。電荷とは「電気の量」であり、素粒子とは「内部構造のない粒子」のことです。

電荷をもつ素粒子の代表格である「電子」は、マイナスの電荷をもっています。電子のもつ電荷は、観測されうる最小の電荷で「素電荷」（あるいは「電気素量」）とよばれ、「e」で表されます。

原子核を構成する粒子の一つである「陽子」の電荷も、電子の電荷に等しく素電荷になってい

式3-5

$$e = 1.602 \times 10^{-19}\ \text{クーロン（クーロンは電荷の単位）}$$

$$10^{-19} = 0.0000000000000000001$$

小数点以下にゼロが18個並ぶ

いかに素電荷の量が少量であるかを実感できますか？

ますが、陽子の電荷はプラスであるという違いがあります。そこで、電子の電荷は「$-e$」と表し、陽子の電荷は「$+e$」、あるいは単に「e」と表します。

　陽子は素粒子ではなく（すなわち内部構造がある！）、三つのクォークから構成されていますが、その陽子の電荷が素電荷eに等しいというのはじつに興味深いところなので、次項でもう少し詳しくお話しします。

　ところで、この素電荷の「量」（あるいは「数値」）は、簡単な装置では観測できないほどのきわめて少量の電気の量です（式3−5）。小数点以下にゼロが18個も並ぶこの値（の絶対値）が、この宇宙で実際に観測される最小の電荷なのです。

　そして面白いことに、この宇宙で観測されるあらゆる電荷はすべて、この素電荷（e）の整数倍の値になっています。つまり、1（$\pm e$）、2（$\pm e$）、3（$\pm e$）……、100（$\pm e$）……、26786709875（$\pm e$）、3・635×10^{33}（$\pm e$）といった具合に。

じつに不思議なことですが、ここに掲げたすべての数値、否、ここに掲げていなくてもこの宇宙で観測されるすべての電荷の値には、式3－5に示す素電荷eというきわめて小さな電荷がかかっているのです。実際、現在までに素電荷e（の絶対値）より小さな電荷は観測されたことがありません。

電荷は量子化されている

ここで、先ほど「じつに興味深い」と指摘した陽子の電荷について考えてみましょう。陽子は素粒子ではなく、三つのクォークから構成された内部構造をもつのでした。

その陽子の電荷が素電荷eに等しいというのは、ちょっと不思議だと思いませんか？　なぜなら、素電荷eより小さな電荷は、いまだ観測されたことがないのですから。ならば、陽子の内部はいったいどうなっているのか。

原子核を構成している陽子や中性子は、「ハドロン」とよばれる複合粒子に属します。ハドロンは内部構造をもち、「クォーク」と称するさらに基本的な粒子から構成されています。クォークは内部構造をもたない素粒子で、6種類あることが知られています。これら6種類のクォークのもつ電荷を素電荷eを用いて表すと、$+\frac{2}{3}e$か$-\frac{1}{3}e$のいずれかになっており、このことが陽子

の電荷が素電荷 e に等しいことに一役買っているのです。

しかし、「素電荷 e より小さな電荷は観測されたことがない」はずです。クォークのもつ $+\frac{2}{3}e$ とか $-\frac{1}{3}e$ といった中途半端な電荷はなぜ、観測されることがないのでしょうか。

その理由は、「クォーク閉じ込め理論」にあります。クォーク閉じ込め理論とは、クォークどうしがきわめて接近しているときは各クォークはほとんど自由にふるまうことができ、クォーク間の拘束力はごく弱い一方（「漸近《ぜんきん》的自由性」といいます）、クォークどうしの距離が離れていくにしたがってクォーク間の拘束力がどんどん強くなっていく、というものです。

このクォーク閉じ込め理論のために、陽子や中性子、あるいは他のハドロン中から、内部にあるクォークを1個だけ取り出すといったことはまったく不可能なのです。どんな手段を用いても、単独のクォークを取り出すことはできないことがわかっています。

逆説的になりますが、陽子や中性子、その他のハドロンの電荷の実測値が素電荷 e の整数倍（0倍も整数倍に含みます）であることこそが、個々のクォークの電荷は素電荷の整数倍ではないことを裏付けているのです。

繰り返しになりますが、素電荷の整数倍でない電荷をもつ単独のクォークは決して観測されることなく、実際に観測されるすべての電荷は素電荷 e の整数倍になっています。逆にいえば、たとえば水道から流れ出す水量のように、電荷が連続的に変化するということは起こりえません。

電荷は必ず不連続に、離散的にその値を変化させるのです。

このように飛び飛びの値でしか変化できない状態を、「量子化されている」と表現します。すなわち、電荷は量子化されているのです。

絶対に破れない物理法則

いよいよ「電荷保存の法則」の登場です。

電荷保存の法則とは、「隔離された系内で何が起ころうとも——燃焼などの化学反応が起ころうとも、温度変化のような物理現象が起ころうとも——、その系内の全電荷は時間とともに増減することは決してなく、つねに一定の値を保つ。これは、系内で電荷が〝無〟から発生したり、逆に消滅したりすることは決してないからである」というものです。

「隔離された系内で」という条件は、これまでに登場した質量やエネルギーについての保存の法則とまったく同じです。

先に「不確定性原理にも、決して破ることのできない」のが電荷保存の法則だと指摘しましたが、$\hbar$／2という制約条件内であればエネルギーや質量をある程度自由にできる仮想粒子といえども、この電荷保存の法則だけは決して破ることができません。

たとえば、電子のようにマイナス電荷をもつ仮想粒子が単独で真空から飛び出すことは絶対に起こりません。明らかに電荷保存の法則を破ることになるからです。エネルギーとは異なり、電荷というものには、「電荷と時間の不確定性原理」などというものは存在しない、ということです。

真空には、プラスの電荷もマイナスの電荷も存在していません。すなわち、真空の電荷はゼロと見なされます。したがって、電荷保存の法則を満足しつつ、それでもなお真空から仮想粒子が飛び出すというのなら、あらゆる仮想粒子の電荷はことごとくゼロでなければならないことになります。なぜなら、そうであって初めて、真空の電荷は「ゼロで始まってゼロで終わる」ことができ、電荷保存の法則に合致するからです。

でも、ありとあらゆる仮想粒子の電荷がすべてゼロ、などということが本当にあるのでしょうか?

➡仮想粒子に課せられた厳格なルール

じつは、真空に出没する仮想粒子には、ある一つのルールが課せられています。それは、つねに「粒子─反粒子」のペアになって生成と消滅を繰り返す、ということです。ペアと聞いて思い出すのは、104ページで登場した「対消滅」とよばれる現象ですが、これとちょうど反対の「対生成」という現象があり、仮想粒子の出没（生成・消滅）は必ず、対生成と対消滅によっておこなわれます。

対消滅は、電荷の符号が異なる粒子と反粒子がぶつかる際に生じる現象でした。対生成はこの反対に、電荷の符号が異なる粒子と反粒子が、真空中のある点から同時に生じる現象です。粒子と反粒子は符号が異なるだけの同じ電荷をもっているのですから、対生成と対消滅の前後で電荷は保たれることになります。すなわち、あらゆる仮想粒子は粒子と反粒子のペアで出没することで、電荷保存の法則を遵守《じゅんしゅ》するというわけです。

先に、電子のようにマイナス電荷をもつ仮想粒子が単独で真空から飛び出すことは絶対に起こらないと指摘しました。「単独で」というのがキーポイントで、仮想粒子としての電子はつねに、自身の反粒子である反電子とのペア、すなわち「電子―陽電子」ペアとして生成・消滅しなければならないのです。

決して破ることのできない物理法則＝電荷保存の法則を守るためには、「仮想粒子の全電荷」は必ずゼロでなければなりません。そのため、仮想粒子はつねに自身の反粒子とペアを組み、対生成と対消滅を繰り返すのです。

$E=mc^2$と不確定性原理を通して、質量とエネルギーは互いに立場を入れ替えうる裁量をもちますが、そこには電荷という重石《おもし》が載っているというわけです。質量とエネルギーを主役とする物語の、いわば名バイプレーヤーが電荷ということになるのかもしれません。

第4章

「見えない力」のからくり

——物理学者も驚いた〝万有斥力〟の正体

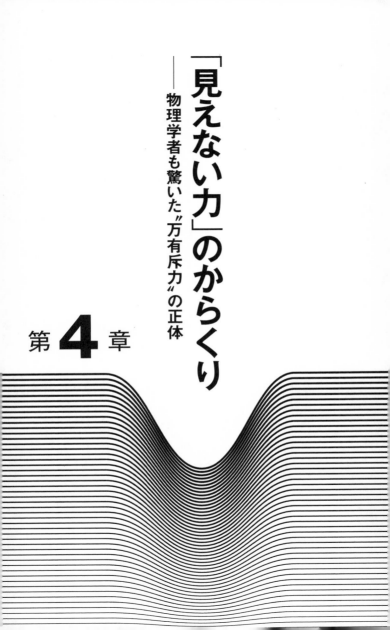

〝万有斥力〟——重力に反する力がある!?

重力は万有引力であり、万有引力はあらゆるものが引き合う力です。

この「あらゆるものが引き合う力」があるからこそ、宇宙には、今あるようなさまざまな構造が生まれました。初期の宇宙を満たしていたガスの中で、他より密度が少し高い部分が生じれば、重力によって周囲の物質が引き寄せられて、やがて大きな塊を形成します。その塊が星や惑星、その集まりである銀河といった巨大な構造物を生み、一方では私たち人間をはじめとする生物をも誕生させました。

ポイントは、重力には「引力しかない」ことで、もし重力に斥力《せきりょく》があったなら、私たちの暮らすこの宇宙は決してこのような宇宙にはならず、星や銀河も誕生せず、私たち人間を含むあらゆる生物は存在しえなかったはずです。万有引力たる重力が、物体間の相互の距離を近づけるようにはたらく力である一方、斥力は互いに遠ざけるようにはたらく力であるからです。

もし宇宙規模ではたらく斥力、いわば〝万有斥力〟があったらたいへんですが、じつは現在の物理学によれば、あたかも重力に反するかのように、宇宙規模の構造（たとえば銀河）を互いに遠ざけるようにはたらく力が存在するというのです！

〝万有斥力〟？——果たしてほんとうにそんな力が存在するのでしょうか。謎に迫るカギは、極微の世界を記述する物理学、すなわち量子力学が握っています。

「光」の正体

話は19世紀末に遡《さかのぼ》ります。当時の物理学者たちの前に立ちはだかる大きな壁が存在していました。ある、謎めいたグラフの存在です。

なるべく話を簡単にするために、図4－1に示すような物体、たとえば金属の箱（直方体）を考えましょう。この物体の一つの面の中央には、小さな一つの穴があけられています。

この物体（箱）の内壁（およびその内部）は、多数の原子によって構成されています。箱の内部（空洞）全体が熱せられると、空洞の温度が上がり、内壁を構成している大量の原子が励《れい》起《き》され、それらの原子がエネルギーを下げて低いエネルギー状態に遷移する際に電磁波を放出します。

内壁から放出された電磁波のうち、ごくわずかのものは小さな穴を通して箱の外に出ます。箱の内部＝空洞の温度が一定に

図4－1

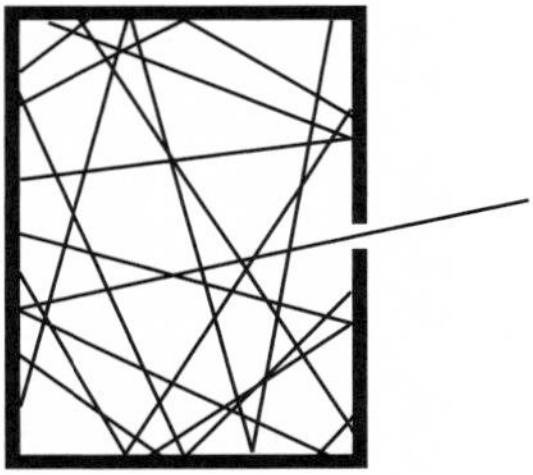

保たれている場合には、小さな穴から外に出てくる電磁波には、すべての周波数（振動数）と波長をもつ電磁波が含まれています。

電磁波にはさまざまに異なる種類があり、個々の電磁波ごとに特有の周波数と波長をもっています。波長が長いほうから順に電波（長波、中波、短波、ＶＨＦ、ＵＨＦ）、マイクロウエーヴ、赤外線、可視光線（これが、私たち人間の目で直接感知することのできるいわゆる〝光〟）、紫外線、エックス線、ガンマ線……とよばれます。

「光」の正体は電磁波です。電磁波そのものは物質ではないので、光も当然、物質ではありませんが、太陽から注がれる光のおかげで地上の生物が生存できることからもわかるように、光（電磁波）にはエネルギーがあります。

➡独立独歩の電磁波

さて、先の物体（金属箱）全体を真空中に配置し、その真空内である実験をおこないます。当然ながら、箱の内外はいずれも真空です。金属箱に熱を加えて温度を上げていくと、内壁を構成している大量の原子に前述の現象が起こり、多数の電磁波が発生します。

その結果、箱の内部は電磁波で埋め尽くされ、異なる周波数と波長をもつ多数の電磁波が入り乱れた状態になります。多数の電磁波が入り乱れた状態にあるものの、個々の電磁波はつねに他の電磁波から独立しており、いわばアイデンティティを保っています。

こと電磁波に関するかぎり、付和雷同とはまったくの無縁で、特定の周波数（あるいは波長）をもつ電磁波は、他の周波数（あるいは波長）をもつたくさんの電磁波が入り乱れているなかでも、その同一性（アイデンティティ）を失うことはありません。その証拠に、空中にどれだけ多種多様の電磁波が入り乱れていても、観たいテレビ局の電波を間違えることなく受信できたり、個々のスマートフォンから相手に誤りなく送受信したりすることができます。

また、ある電磁波が他の電磁波とぶつかっても、その進路が曲げられることもありません。これも、たとえばコンサート会場などで、複数のスポットライトから出る光が交錯しても決して跳ね返ったり折れ曲がったりせず、「我関せず」とばかりにそれぞれ直進するさまをご覧になったことがあるでしょう。

ただし、そのような電磁波も、箱の内部である壁面から発生して直進した後、他の壁面にぶつかるとそこで反射されます。つまり、箱の内部空間では、多数の異なる波長をもつ電磁波が、各壁面での反射による絶え間ない往復を繰り返しています（図４－１参照）。

ここで、この箱の内部が真空であること、そして、電磁波（光）が物質ではないことを思い出してください。すなわち、真空状態にある箱の内部が多数の電磁波で埋め尽くされても、その空間は相変わらず真空のままであるということです。

黒体と正弦波

前述のとおり、箱の内部空間には、ありとあらゆる周波数（あるいは波長）をもつ電磁波が充満しているのですが、箱の内壁は電磁波を発生（放射）するだけでなく、じつは同時に吸収もします。十分な時間が経過すると、箱の内壁から発生する電磁波の数と内壁に吸収される電磁波の数が等しくなり、平衡状態に達します（「熱平衡」といいます）。熱平衡に達した箱の内部は、どこも一様に同じ温度になり、一定に保たれます。

あらゆる波長の電磁波を放射し、また、あらゆる波長の電磁波を吸収するような〝理想的な物体〟を「黒体」とよびます。真っ黒でありさえすれば、黒体はどんな物質でもかまいません。どんな原子や分子から構成されていてもかまわないし、あるいは、どんな幾何学的な構造をもっていてもかまいません。図４－１には直方体が描かれていますが、球体でも円柱形でも、その他のどんな形でもかまわないのです。

要するに、あらゆる波長の電磁波を放射・吸収するという性質をもつ黒体でありさえすれば、他の要素はいっさい問われないということです。

図4-2

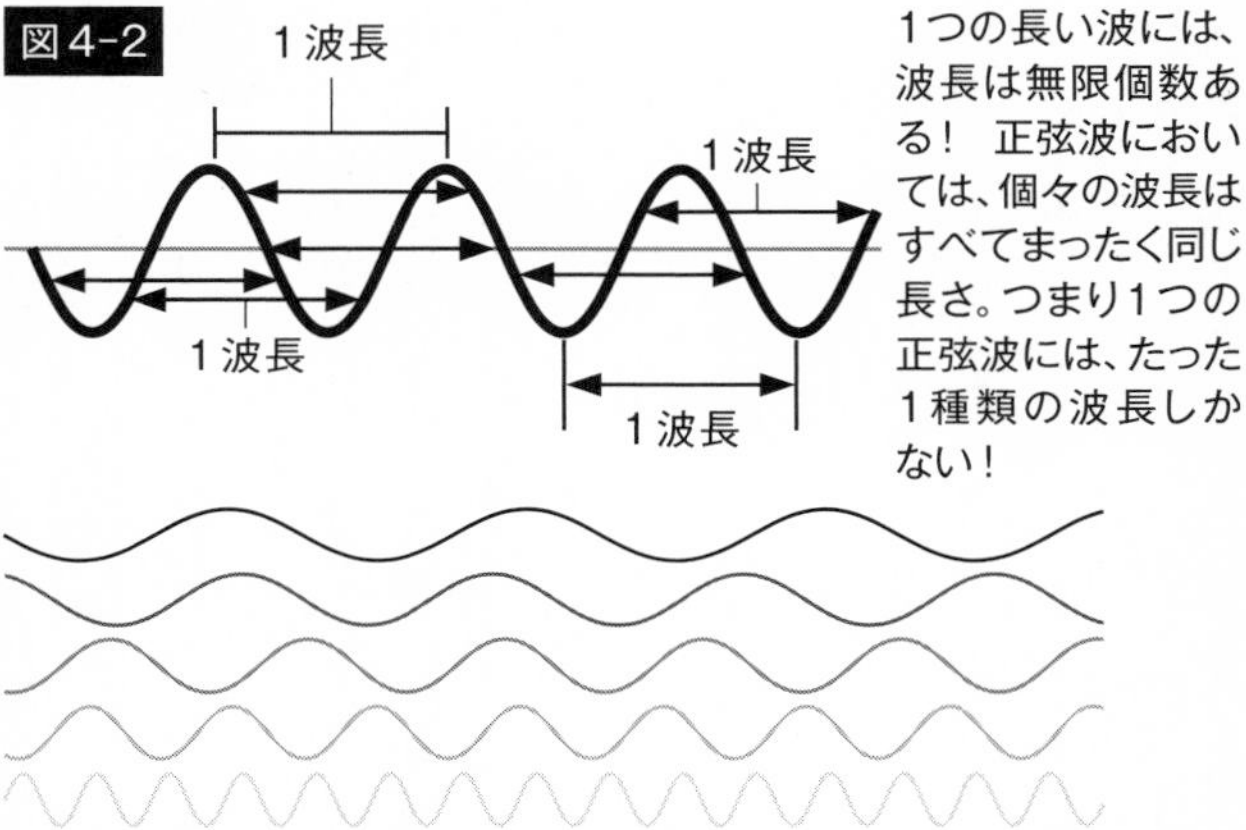

1つの長い波には、波長は無限個数ある！　正弦波においては、個々の波長はすべてまったく同じ長さ。つまり1つの正弦波には、たった1種類の波長しかない！

黒体から放射されたさまざまな波長をもつ電磁波。実際に放射された電磁波の波長は、ちょうど虹の色が連続的に変わるように、連続的に存在している。上に描かれた波ほど波長は長く（周波数が低く）、下に行くほど波長は短く（周波数が高く）なる。
しかし、真空中では波長の長さにかかわらず、電磁波は1つの同じ速度（光速度）で伝播する。黒体から放射される電磁波の数は数え切れないほどあり、個々の電磁波はエネルギーをもっている。このエネルギーが、電磁波の「強度」に直接関係している

図4−2に、黒体から放射・吸収されるさまざまな電磁波の波形の例を示します。

一つひとつの波形を見ると、波の山から次の山まで、あるいは波の谷から次の谷までの長さを示す「波長」はどれも、まったく同じ長さをしています。つまり、同じパターンの波形が繰り返されているわけですが、数学的には「三角関数」で表されるこのような波は「正弦波」とよばれています。

電磁波は一般に、波長や周波数に関係なく正弦波です。

光速度不変の原理

さて、図4－2の上部には一つの正弦波が太線で描かれていて、そこにこの正弦波の波長が定義されています。図からも想像がつくように、一つの正弦波には無限個数の波長を定義することができますが、そのすべての波長はどれもまったく同じ長さなので、正弦波には結局、たった1種類の波長しかないということになります。波長は、記号「λ《ラムダ》」を用いて表します。波長の単位はすなわち長さの単位なので、スケールに応じてナノメートル（nm）やキロメートル（km）などが使われます。

一方、図4－2の下部には、波長の異なる5本の正弦波が描かれていますが、描かれている範囲の横幅（波の左端から右端まで）を単位時間（たとえば1秒）とすると、その間に現れる波長の繰り返し数が周波数であり、記号「f」で表します。そして、周波数は通常、1秒あたりの繰り返し数（振動数）で表されるので、周波数の単位は「1／秒」（あるいは「1／s」）となります。

それがどんな波であっても――電磁波であっても水面の波であっても――、同じ媒質中（たとえば空気中や水中）を伝播《でんぱ》するかぎり、その波の伝播速度は波長や周波数に関係なく一定です。

そして、波長と周波数は、周波数（f）が高い（大きい）ほど波長（λ）は短く、逆に波長が長

式4-1

$$\text{波長}\lambda \times \text{周波数} f = \text{波の伝播速度}$$

式4-2

$$\lambda f = c$$

式4-3

$$\lambda = \frac{c}{f}$$

いほど周波数は低く（小さく）なるという互いに反比例の関係にあります。これら三者の関係をまとめると、式4－1になります。

この式4－1を電磁波（光）にあてはめると、光の伝播速度、すなわち光速度（秒速30万km）が「c」で表されることから、式4－2が得られます。式4－2の両辺を周波数fで割ったのが式4－3です。右辺の分子cが一定なので、

①周波数fが低いほど波長λは長く、

②周波数fが高いほど波長λは短い、

ことが確認できます。

大事なことなので強調しておきます。

電磁波は、その波長や周波数のいかんにかかわらず、つねに同じ速度＝光速度（秒速30万km）で真空中を伝播します。つねに同じ値＝秒速30万kmを示し、それ以外の値は決してとることがない――。この宇宙に存在する何に対しても不変かつ普遍のc＝秒速30万kmを保つことを「光速度不変の原理」とよびます。

⬇問題のグラフ

ところで、黒体から放射・吸収されるすべての電磁波は、黒体の温度だけに依存して変化します。以下の議論では、電磁波の温度を、熱平衡に達した箱（黒体）の温度と同じであると定義します（実際には電磁波の温度は定義できません。説明の便宜上とお考えください）。

箱の一つの面にある穴の大きさは十分に小さく、内部の電磁波がこの穴を通して外部に漏れ出ることはあっても、いったん外に出た電磁波がこの穴を通して再度、箱の中に戻ってくることはないものとします（理想的な状態を考えています）。箱の温度を一定に（熱平衡状態に）保つかぎり、その小さな穴からはありとあらゆる周波数をもつ電磁波が放射されます。

周波数の違いによって、箱の外に飛び出た電磁波の強度（光でいう明るさ）は異なります。ある周波数をもつ電磁波の強度は大きく、別の周波数をもつ電磁波の強度は小さいというように、電磁波の強度は周波数に依存します。可視光線において、光の明るさは色によって異なるということに相当します。

ここで、それぞれに温度が異なる（異なる熱平衡状態にある）五つの黒体を用意します。それら五つの黒体にあけられた小さな穴から放出される電磁波の強度（明るさ）を測定し、縦軸に電磁波の強度を、横軸に電磁波の周波数（f）をとったものが図4－3に示すグラフです。ピーク

図4-3　黒体放射のグラフ

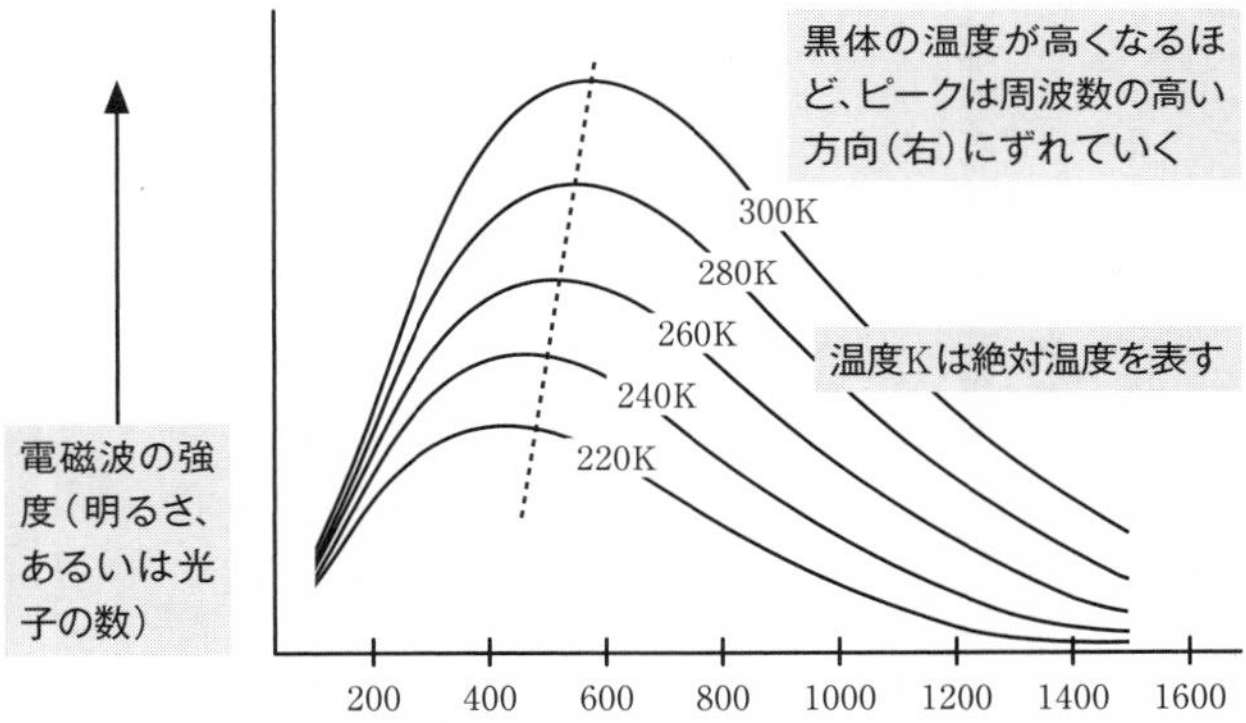

横軸は電磁波の周波数*f*。右にいくほど周波数は高くなる（早く振動する）

グラフは、それぞれに温度が異なる５つの黒体からの電磁波を重ねて表示したもの。このグラフにピタリと合う数式を求めることが、物理学者に課せられた難題だった。個々の黒体の温度は一定に保たれ、データの取得中に温度が変わらないようにしてある

（電磁波の強度の最大値）の低いグラフほど黒体の温度が低いことを表しており、逆に黒体の温度が高いほどグラフは上に膨らんでいます。

　このグラフは、温度が高いほど黒体から放射される電磁波の強度（明るさ）が大きくなることを意味しています。

　また、どの温度に対応するグラフにもピークがあり、そのピークの両側では放射された電磁波の強度は小さくなっています。これは、ある一定の温度の下で放射された電磁波のうち、ある特定の周波数をもつ電磁波の強度（明るさ）が最も大きいことを示しています。そして、黒体の

温度が高いほどピークは高くなり、またピークの位置が右側に（周波数の高いほうに）ずれていきます。

このグラフこそ、19世紀末に活躍したあまたの物理学者たちの前に立ちはだかる大きな壁となったのです。

➡プランクの放射の法則

黒体から電磁波が放出される現象を「黒体放射」とよびます。

すべての周波数をもつ電磁波を放射する黒体を「完全黒体」といいますが、完全黒体の温度が絶対ゼロ度の場合には、逆に外部からすべての周波数をもつ電磁波を穴を通して百パーセント吸収し、反射はまったく起こしません。したがって、絶対ゼロ度の完全黒体から光が放射されることはなく、吸収のみで穴は真っ黒に見えます（この場合、黒体全体ではなく、その1ヵ所にあけられた小さな穴の部分が黒体に相当します）。

前述のとおり、黒体から放射・吸収されるすべての電磁波は、黒体の温度だけに依存して変化します。黒体がどんな物質でできていようと、どんな構造になっていようと、個々のグラフは黒体の温度のみに依存することが、実際の観測データによって裏付けられています。

式4-4

$$F(f)=\frac{2hf^3}{c^2}\frac{1}{\left[e^{\frac{hf}{kT}}\right]-1}$$

↑
黒体から放射された電磁波の強度

プランクの放射の法則
黒体の温度は一定。周波数fの関数。温度一定のまま周波数f(光の色)が変わると、黒体の明るさが変わることを示す数式。hが2ヵ所にある

この実験的事実から、当時の物理学者たちは「自然にはまだ知られていない何か深い法則が隠されているのではないか」と疑いはじめました。自然を支配する物理法則である以上、図4－3に示されたグラフは数式で表されてしかるべきです。そう確信した物理学者たちが一心にその解明に取り組んだのは当然のなりゆきでした。

図4－3のグラフでは、黒体の温度は絶対温度「K（ケルビン）」で表されており、縦軸は五つの黒体から放射された電磁波の「強度」になっています。横軸は周波数fで単位は「1／s」です。

問題は、なぜグラフがこのような形をしていなければならないか、各グラフにおいてなぜピークが生ずるのかという点です。数学的には、黒体から放射された電磁波の強度（明るさ）は周波数fの関数になっています。物理学者たちは、この黒体から放射された電磁波の強度と波長の関係式（関数$F(f)$）をなんとかして導き出そうと躍起になっていたのですが、なかなか思いどおりにはいきませんでした。

苦戦が続いていたなか、1900年10月19日に、ついにその時が

訪れました。ドイツのマックス・プランク（1858〜1947年）が図4-3のグラフにぴたりと一致する数式を発見したのです（式4-4）。

そして、この数式には、じつにとんでもない事実が隠されていました。その重要なカギを握っているのが、右辺の2ヵ所に顔を見せている「h」です。本書でもこれまで、何度か登場してきたhは、「プランク定数」とよばれています。プランク定数hには、どんな秘密が隠されているのでしょうか？

⬇ 単位を消し去れ！

「h」の正体を探るために、あらためて式4-4をじっくり眺めてみましょう。

「プランクの放射の法則」として知られるこの式の中には、ボルツマン定数k、絶対温度T（K、ケルビン）、ネイピア数e（自然対数の底。電気素量eではありません）に加え、お馴染みの光速度cも登場しています。そして、右辺の第1項と第2項中の2ヵ所に「h」が鎮座しています。

右辺第2項の分母にはeがあり、その右肩には、指数として「hf/kT」がかかっています。

ここではたまたまeですが、それがどんな数であれ、数の右肩にかかる指数には物理単位をもつことが許されません。たとえば2^3は「2の3乗」と読み、「2を3回掛ける」という意味です。指数の「3」は、なんの単位ももっていません。これがもし、3が「kg」の単位をもっていて、「2を3kg乗してください」と言われたら、誰でも面食らうでしょう。これと同じで、指数hf/kTに単位があってはいけないのです。

しかし、指数の分母のkT（ボルツマン定数×絶対温度）は物理量であり、その単位はエネルギーの単位である「ジュール（J）」です。したがって、hf/kTが無単位になるためには、分子の単位もJでなければなりません。そうすれば、分子の単位と分母の単位がともにJとなって互いに相殺され、hf/kT全体として無単位となるからです。

⬇「謎のエネルギー」の正体

さて、hfがJという単位をもつということは、プランク定数hは「J・秒」という単位をもつことになります。なぜなら、周波数fの単位は「1/秒」で、Jをこれで割れば「J・秒」となるからです。実際に106ページの式3－2中に登場したプランク定数hの単位は、「J・秒」（「J・s」）となっていました。

注意すべきは、Jがエネルギーの単位であるということです。ならば、Jという単位をもつhf

は、いったいどんなエネルギーを表しているのでしょうか？

先ほど、プランクの放射の法則（式4－4）には、じつにとんでもない事実が隠されていたという話をご紹介しました。その事実こそ、hfがどんなエネルギーかを教えてくれます。

式4－4に隠されていた重要な事実とは、「電磁波のもつエネルギーの量は連続的には変化できず、不連続的にしか変化しない」ということです。

次の点をしっかり理解していただきたいのですが、電磁波の周波数そのものは連続的に変化します。アナログラジオのつまみで周波数を変化させるようすを思い浮かべれば、容易に想像がつきますね。

しかし、いくら周波数が連続的に変化するといっても、その各周波数ごとに電磁波のもつエネルギーには〝最小の量〟があり（それ以下のエネルギーは存在せず）、個々の電磁波のエネルギーはその最小値の整数倍になっているということが、式4－4から導き出されたのです。

最小値の整数倍？　どこかで耳にしましたね。そうです、112～115ページで登場した素電荷の話とまったく同じです。連続的には変化できず、飛び飛び（離散的）の値でしか変化できない状態を「量子化されている」と表現し、「電荷は量子化されている」という話でした。

その伝で言えば、電磁波のエネルギーも量子化されているの？

正解です。結論を先に言えば、ある周波数をもつ電磁波のエネルギーには最小値があり、その最小値がhfなのです。

量子化されているエネルギー

誰もが理解しやすい「お金」になぞらえて考えてみましょう。日本の通貨「円」はその最低量が1円で、あらゆる物価は1円の整数倍になっています（為替相場などで生じる円未満の単位「銭」については、ここでは考慮しないことにします）。

たとえば121円の次は122円で、その次は123円。121・1円や122・2円、123・4円といった値段のついている商品はありません。円は最小値である1円間隔で飛び飛びに変化し、決して連続的には変化しないのです。

電磁波のエネルギーもこれと同じで、最小値であるhf間隔で飛び飛びに変化し、決して連続的には変化しません。

例として、ある特定の電磁波を考えてみましょう。その電磁波の周波数fにプランク定数hを掛けると、エネルギーの単位（ジュール）をもち、hfはある一つのエネルギーの量を表すことになります。周波数fが高いほど（速く振動するほど）その電磁波のエネルギーは大きく、周波数fが低いほど（ゆっくり振動するほど）電磁波のエネルギーは小さくなります。

図4-4

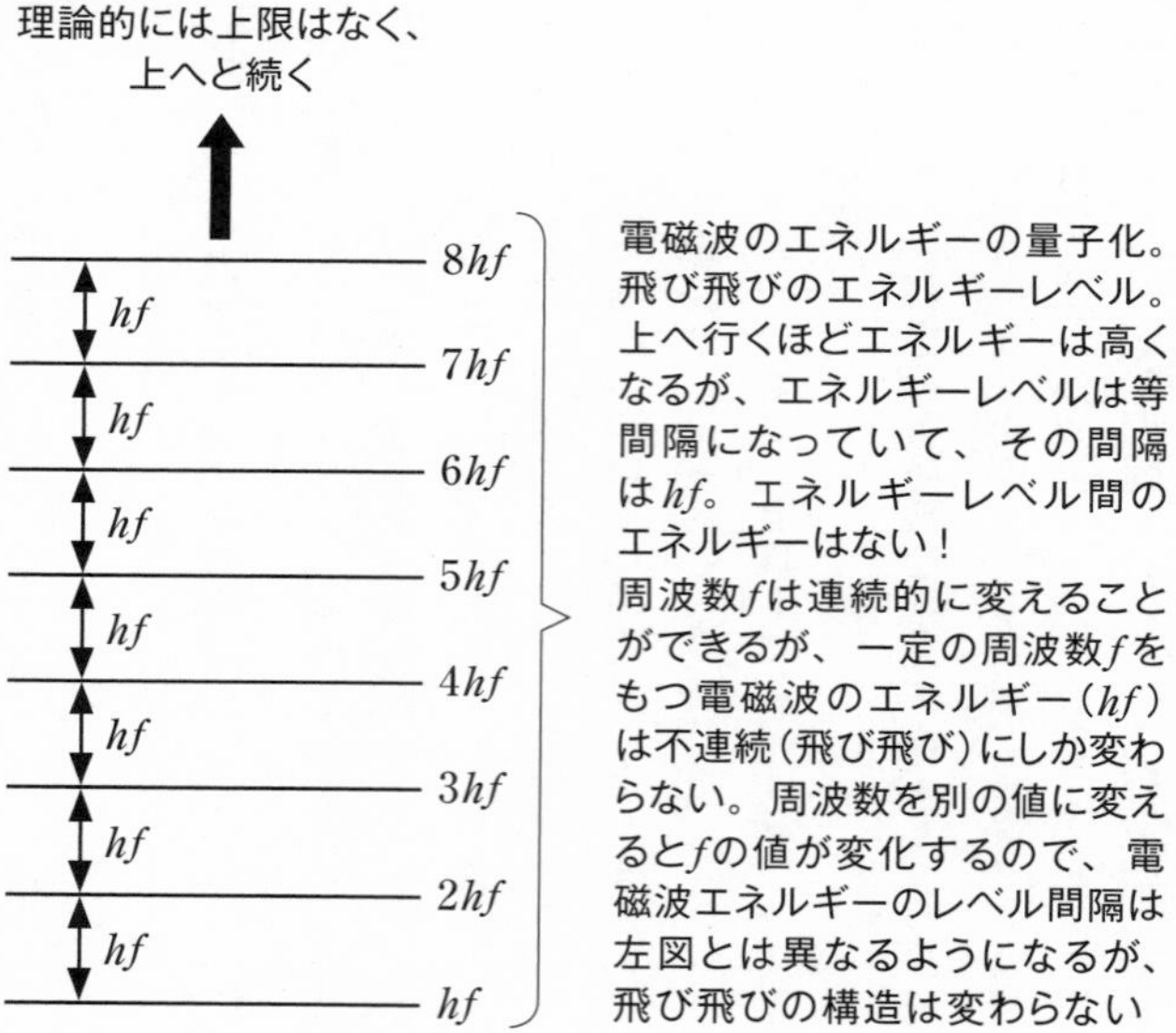

理論的には上限はなく、上へと続く
8hf
7hf
6hf
5hf
4hf
3hf
2hf
hf
hf
電磁波のエネルギーの量子化。飛び飛びのエネルギーレベル。上へ行くほどエネルギーは高くなるが、エネルギーレベルは等間隔になっていて、その間隔はhf。エネルギーレベル間のエネルギーはない！
周波数fは連続的に変えることができるが、一定の周波数fをもつ電磁波のエネルギー（hf）は不連続（飛び飛び）にしか変わらない。周波数を別の値に変えるとfの値が変化するので、電磁波エネルギーのレベル間隔は左図とは異なるようになるが、飛び飛びの構造は変わらない

この特定の周波数fをもつ電磁波のエネルギーの量の変化は、連続的ではなく、hf、$2hf$、$3hf$……、$8hf$……というように飛び飛び（離散的）に変化します（図4－4）。

ポイントは、図4－4に示された飛び飛びのエネルギーのすべてに含まれる周波数fが、どれもまったく同じ値であることです。つまり、一つの確定した周波数fで振動している電磁波のエネルギー量は、飛び飛びにしか変化できないのです。まさしく「エネルギーは量子化されている」というわけです。

それでは、エネルギーが量子化されているとは、具体的にどんなこと

を意味しているのでしょうか？

熱せられた黒体の内部では、さまざまな波長（あるいは周波数f）をもつ電磁波の放射・吸収が繰り返されているのでした。エネルギーが量子化されていると、黒体が電磁波を放射したり吸収したりする際、一度に吸収・放射できる最低量はhfであり、121円の次が122円であるように、1hfの次は2hfであり、121hfの次は122hfなのです。

このように、量子化されているエネルギーは不連続にしか変化することができません。そしてこの事実が、本章の主人公である宇宙規模ではたらく斥力＝「見えない力」の正体に迫る重要なカギを握っているのです。

あらためて「エネルギーの量子化」とは？

エネルギーが量子化されているとはどういうことか、別の角度からあらためて考えてみましょう。

電磁「波」という名称からも明らかなように、そして、波長や周波数をもつその性質からも否定のしようがないように、電磁波は「波」です。しかし、量子力学によれば、「波」である電磁波には「粒子」としてもふるまうことがあるという「粒子と波動の二重性」が備わっています。

前述した「二重スリット実験」で見たような、波としてふるまう性質を「波動性」、粒子としてふるまう性質を「粒子性」といいます（91ページ参照）。

電磁波のエネルギーは飛び飛び（離散的）に変化し、決して連続的には変化することがないのでした。量子力学に関する詳細は他書に譲りますが、電磁波に量子力学を適用すると、このエネルギーの〝飛び飛び性（離散性）〟が電磁波の「粒子性」となって現れ、粒子となった電磁波は「光子」とよばれます。

光子は、電磁波が粒子としてふるまうときに現れる完全な粒子で、他の粒子と衝突すれば、その粒子を弾き飛ばす性質をもっています。すなわち個々の光子は、それぞれにエネルギーをもっています。光子1個がもつエネルギーをEとすると、$E = hf$と表されます。

おや、ここでもhfに遭遇しましたね。光子1個のもつエネルギーEは周波数fに比例し、周波数fが高いほど（その電磁波が速く振動するほど）光子のエネルギーも高くなります。電磁波は波であり、周波数fをもっているために、光子1個のもつエネルギーもまた、周波数fに比例するというわけです。

⬇ 果たして光子は物質か？

「粒子」という名前にはどこか〝立体感〟があり、いかにも「物質」であるかのような印象を受けます。

しかし、電磁波そのものが物質ではないのですから、それが量子化された「光子」も当然、物質ではありません。したがって光子は、質量をもっていません。正確に質量ゼロの粒子として、つねに光速度（秒速30万㎞）で真空中を飛び回る存在です。

光子はまた、電荷ももっていません。つまり、光子自身は電気的に中性ですが、電磁波が粒子化（量子化）したものが光子なので、やはり当然のこととして、電子などの荷電粒子と反応します。

そして光子は、どんな状況であっても分割されることはありません。1個の光子が真っ二つに割れた、などということは絶対に起こらないのです。光子には内部構造が存在せず、すなわち素粒子の一つだからです。

「電磁波が量子化されたものが光子である」という事実は、「電磁波は光子の集団である」と言い換えることができます。実際、ある物体に光（電磁波）が吸収される場合には、光子（粒子）として吸収されます。そのとき、1回に吸収される光のエネルギーの量がhfであり、光のエネルギーの吸収や放出は、具体的にいくつの光子が吸収・放出されたかということを示しています。

だからこそ、黒体放射がまさにそうであるように、電磁波が物体に吸収されたり放出されたりする現象は、エネルギー的に不連続（離散的）にしか生じないのです。

そして、電磁波の強度（光の明るさ）を光子を使って表現すると、その度合いは光子の数に比例します（光子の数が多いほど明るい）。したがって、129ページ図4－3の縦軸は「光子の数」に置き換えることができます。つまり、光子が具体的にいくつ黒体から放出されるかは、周波数fによって決まることになります。

図4－3に関しては、131ページで「問題は、なぜグラフがこのような形をしていなければならないか、各グラフにおいてなぜピークが生ずるのか」という点にあると指摘しました。

黒体放射のグラフにピークがあるということは、ピークでは、ある特定の周波数fをもつ光子の数が最も多く、その両脇では、ピークに対応する周波数より高い／低い周波数をもつ光子の数が減少することを示しています。

周波数fは1秒あたりの振動回数なので、まったく振動しない場合の周波数はゼロであり、周波数fには下限があることになります。図4－3の横軸は周波数fで、ピークより右側にいくと周波数の高い光子の数が急速に減少していくことがわかります。黒体の温度に関係なく、各グラフのピークの右側ではいずれも、周波数fが高くなればなるほどそれに対応する光子の数は減少し、fが無限大になると光子の数はゼロになります。

もし、無限大の周波数をもつ光子が存在するとしたら、たった1個の光子のエネルギーだけで黒体のエネルギーが無限大になってしまうというまったくナンセンスな事態に陥ります。だからこそ、周波数が無限大に近づくと、光子の数は急減するわけです。

置いてきぼりを食ったエネルギー？

図4－3についてはもう一つ、議論しておかねばならないことがあります。

プランクの放射の法則には、絶対温度Tで示される黒体の温度が含まれていました（131ページの式4－4参照）。図4－3に描かれた五つのグラフのピークの高さが、それぞれに対応する黒体の温度（T）によって異なるのはこのためです。

それでは、このTを0にしたらどうなるでしょうか？　前述のとおり、T＝0は宇宙における温度の下限で、絶対ゼロ度（摂氏マイナス273・15度）とよばれています。

絶対ゼロ度に到達した黒体からは、もはや電磁波が放射されなくなります。つまり、T＝0は「電磁波の発生源が遮断された状態」です。その結果、黒体の内部（真空）には電磁波が存在しなくなります。

完全真空で真っ暗闇で、電磁波も、電磁波が生み出すエネルギーもすべてなくなり、絶対ゼロ度になっている黒体の内部はいったいどうなっているのでしょうか。まさしく完全なる「無」の世界、何物も存在しないはず、ですよね？

果たして本当にそうでしょうか……？　いや、そうではありません。黒体の内部からどうしても取り除けない、置いてきぼりを食ったエネルギーが残っているのです！

hf／2の意味

発端はまたも、アインシュタインでした。

アインシュタインは1913年、ドイツ出身のアメリカの物理学者オットー・シュテルン（1888～1969年）とともに、黒体の温度が絶対ゼロ度に到達しても、その内部にはあらゆる周波数をもつ電磁波が取り残されていることを指し示す数式を発見しました。

絶対ゼロ度の黒体内に取り残され、周波数fで振動している電磁波のもつエネルギーを「ゼロ点エネルギー」といいます。ご記憶でしょうか、110ページで真空のエネルギーの別名義として登場したエネルギーです。アインシュタインとシュテルンの数式によれば、ゼロ点エネルギーの量はhf／2と表されます。

プランクの放射の法則とは異なり、二人の式には絶対温度Tが入っていないので、黒体内に取り残されている電磁波のエネルギーhf／2は$T=0$、すなわち絶対ゼロ度であっても消えることはありません。つまり、たとえ黒体の温度が絶対ゼロ度に到達し、その結果、電磁波をまったく放出しなくなったとしても、それでもなお、黒体内の真空中には$hf/2$で表される量の電磁波のエネルギーがとどまり続けるというのです。

ここで、どうしても考えておかねばならないことがあります。それは、$hf/2$という値の意味です。

すでにお話ししたように、光子1個のもつエネルギーEはhfです。そして、これも前述のとおり、素粒子である光子には内部構造が存在せず、どんな状況であっても分割されることがありません。であるならば、$hf/2$とはどんなエネルギーを表しているのでしょうか？

1個の光子を半分にした場合のエネルギー？　いえいえ、光子を半分になんかできません（分割不可能！）。それなら反粒子？　いいえ、光子の反粒子は光子そのものでした。だったらいったい、何のエネルギーを表しているのか？——真空のエネルギーを表しているのです！

➡真空の定義とは——？

真空のエネルギーを表す$hf/2$には、周波数fが含まれています。周波数fは、0から無限大まで連続的に変化するので、理論的には「$hf/2$で表される量の電磁波のエネルギー」は無限に存在することになります。

真空中に取り残されたエネルギーが無限に存在する……、まさしく雲を摑むような話ですが、そもそも絶対ゼロ度で完全な真空状態にある黒体内には電磁波の発生源がありません（真っ暗闇の完全真空には、物質も電磁波もいっさい存在しない！）。つまり、$hf/2$という量は、電磁波の発生源がなくても黒体内（真空中）に取り残される電磁波エネルギーであり、絶対ゼロ度の完全真空中に置いてきぼりになっているのですから、観測するすべもありません。

観測不可能なこの真空のエネルギーは、真空における「最低エネルギー」を表していることになります。それゆえに、その存在は「真空の定義」にも使われています。

曰《いわ》く——、「真空とは、あらゆるエネルギーの最低状態のことである」

あらためて強調しておきますが、周波数が連続的に変化することを考えると、$hf/2$で表される電磁波の最低エネルギーは無限個あることになります。したがって、個々の最低エネルギーは無限大でなくても（$hf/2$という量であっても）、それらすべてを足し合わせると無限大になってしまいます。

黒体の温度が絶対ゼロ度「超」である場合には、黒体内で電磁波が放射されますが、絶対ゼロ度になった黒体の内部では電磁波は放射されません。放射されていないにもかかわらず、絶対ゼロ度に対応する電磁波エネルギー$hf/2$が存在するのです。そして、その有限の最低エネルギー

$hf/2$の値の数が、0から無限大まで連続的に変化する各周波数fに対応して無限個あるというわけです。

ここで注目すべきは、いま考えている「黒体内の真空」は決して、特殊な状況を想定した〝特別な真空〟ではないということです。空間的に同じ物理条件が周期的に繰り返されるという「周期的境界条件」を適用すれば、ここまで議論してきた「黒体内の真空」という状況を取り去ることができ、広大な宇宙のどの空間（真空）においても、この観測されえぬ最低エネルギーが存在することになるのです。

すなわち、黒体内の真空で生じている状況は他のどんな真空に対しても拡張でき、あらゆる「絶対ゼロ度の真空」には、ゼロでない最低エネルギー$hf/2$をもつ電磁波が充満していることになります。

そうなると、真っ暗闇で何物も存在しないと思われた完全真空内には、絶対ゼロ度であっても無限のエネルギーが秘められているという結論に達します。それはなにも宇宙空間だけに限らず、私たちのすぐ身近にも存在します。

たとえば、地球を取り巻く大気（空気）は空気分子でできていますが、個々の空気分子と空気分子のあいだは完全真空になっています。つまり、無数の空気分子どうしの隙間にも、無限のエネルギーがひそんでいることになります。

⬇「プランク長さ」とはなにか

あらゆる「絶対ゼロ度の真空」には、ゼロでない最低エネルギー$hf/2$をもつ電磁波が充満している。それも、周波数fが0から無限大まで連続的に変化することに対応して無限個ある——無限、無限大という言葉を聞くと、途方もない量であることだけはイメージできても、具体的な量として想像がつかないため、どうしても不安を誘われるという方もいらっしゃるでしょう。

ご安心ください。極微の世界を記述する物理学、すなわち量子力学が、ある制限をかけてくれています。この章で一貫して重要なポジションを占めているプランク定数hとも深い関係にある「プランク長さ（プランク長）」にご登場願いましょう。

ゼロでない最低エネルギー$hf/2$をもつ電磁波はその名のとおり「波」なので、他の波と同様に波長（λ）と周波数（f）をもっています。波長と周波数のあいだには、周波数が高いほど波長は短く、逆に波長が長いほど周波数は低くなるという反比例の関係があり、その仲立ちをするのが波の伝播速度でした（127ページの式4－1参照）。

電磁波の伝播速度は光速度c（秒速30万km）なので、$\lambda f = c$（127ページ式4－2参照）が得られます。この両辺を波長λで割ると$f = c/\lambda$となり、周波数fの値が大きくなると、波長λが短くなる関係がいっそう明瞭になります。

そして、ここまでの議論に登場していた周波数fはことごとくc／λに置き換えることができるので、観測不能な最低エネルギーhf／2はhc／2λへと形を変えます。

0から無限大まで連続的に変化する周波数fに対応して、それぞれの波長λが存在します。hc／2λを使って絶対ゼロ度の真空における個々の最低エネルギーを考えていくと、周波数が高くなるほど波長は短くなっていくわけですが、じつは、波長λには短くできる限界が存在します。

量子力学によれば、空間をいくらでも小さく分割しつづけていくことはできず、「プランク長さ」という限界が立ちはだかるのです。プランク定数h、光速度cに加え、重力定数Gによって「$\sqrt{Gh/2\pi c^3}$」と定義されるプランク長さは、1・616×10^{-35}mという想像を絶するほど短い距離を示しています。

物理法則の限界

プランク長さより短い距離内においては、不確定性原理によって波長がはっきりとは定まらず、あやふやになってしまうのです。プランク長さ以下の距離では既存の物理法則は破綻してしまうと考えられており、波長λにもこのプランク長さ（1・616×10^{-35}m）より短い波長は存在しないと考えられます。

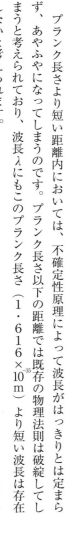

その結果、$hc/2\lambda$も理屈どおりの無限大までは到達せず、分母にあるλは、プランク長さ程度のきわめて短い波長までを示すことになります。無限大でこそなくなりますが、それでもプランク長さに限りなく近づいた波長λが入っている$hc/2\lambda$の分母は相当に小さい値になるため、0からプランク長さ程度にいたる各波長に対応する真空の最低エネルギーは、かなりの大きさになります。

この「無限大ではないものの、かなりの大きさになる」真空の最低エネルギーが、「真空のゼロ点エネルギー」です。すでにお話ししたように、真空のゼロ点エネルギーはカシミール効果やラム・シフトといった物理現象によって、その存在が実験的に確かめられています。

そして、この真空のゼロ点エネルギーこそが、宇宙規模ではたらく斥力＝〝万有斥力〟のエネルギー源になっているのではないかと考えられているのです。いよいよ「見えない力」の正体に迫っていくことにしましょう。

➡ 加速膨張する宇宙

「見えない力」こと、宇宙規模ではたらく斥力の存在は１９９８年、のちにノーベル物理学賞を受賞することになる３人の科学者、ソール・パールマッター（１９５９年〜）、ブライアン・

P・シュミット（1967年〜）、アダム・ガイ・リース（1969年〜）による発見を契機に、大いなる注目を集めることになりました。

その発見とは、現在の宇宙が「加速的に膨張している」という観測事実です。宇宙には、本書でもさまざまに紹介してきたようにじつに多くの、そして不可思議な「からくり」が隠されています。それを解き明かすのが物理学者の仕事ですが、「宇宙が加速的に膨張している」という事実の背後にひそむからくりほど、物理学者の探究意欲をかき立てる対象はそうそうあるものではありません。

「宇宙の加速膨張」とは、それほどまでに摩訶不思議な現象なのです。その〝異彩ぶり〟を体感していただくために、この宇宙の成り立ちを簡単に振り返っておきましょう。

138億年前、いまだ物質の存在しない「無」の状態にあった誕生直後の宇宙に、「インフレーション」とよばれる瞬間的な大膨張が起こりました。理論によれば、インフレーションは宇宙誕生から10^{-36}秒後、もしくは10^{-34}秒後までのあいだに起こったと考えられています。

正確な数値ははっきりしませんが、インフレーションが起こる直前の宇宙の大きさは直径10^{-32}㎜程度だったと推測されています。そして、インフレーションが終了した直後の宇宙の大きさは、概算で直径10㎜と見積もられています。

インフレーションとは、長くともわずか10^{-34}秒の間に10^{-32}㎜から10㎜まで、宇宙を急膨張させた現象です。10^{-34}秒間という時間間隔は、小数点以下にゼロが33個も並ぶ、「一瞬」とよぶことさえ憚《はばか》られるほど短い時間です。そのようなごくわずかな時間に宇宙のサイズを33桁も拡大させたのですから、まさに想像を絶する瞬間的大膨張と言わざるを得ません。

これほど猛烈な膨張を引き起こしたのは、いったいどんなエネルギーなのでしょうか。インフレーションのエネルギー源が気になるところですが、まずは「宇宙の加速膨張」の摩訶不思議さを体感する旅の先を急ぎましょう。

ビッグバンの終了後に起きた「異変」

インフレーションが終わった後の宇宙空間には大量の熱が入り込み、まるで原子爆弾が炸裂したかのような高温状態にいたりました。高エネルギーの光（光子）が膨大に発生したと考えられるこの現象が「ビッグバン」です。

液体状の水の温度を下げていくと、0度Cで凝固して凍ります。しかし、0度Cになってもすぐには凍らず、しばらく液体のままでいます。この状態の水には熱が蓄えられており、蓄えられた熱を「潜熱」といいます。0度Cのまま、液体（水）と固体（氷）が混ざっているあいだに潜熱が吐き出され、熱を失った水は液体相から固体相へと相転移を起こします。

同じようなことが宇宙のインフレーション時にも起こり、インフレーションによって急激に膨張した宇宙の温度は下がって、宇宙空間に潜熱が吐き出されます。吐き出された潜熱によって温度が上がり、宇宙は灼熱状態になります。これがビッグバンです。

観測事実によれば、銀河の生成が始まったのは、ビッグバンからおよそ7億年が経過した13 1億年ほど前のことだと考えられます。太陽系が誕生したのが約46億年前とされていますが、その少し前、およそ50億年前までは、宇宙はゆっくりとした膨張を続けていました。

ところが、前出のパールマッターら3人の科学者による観測によれば、現在の宇宙は「加速膨張」しています。ビッグバンの終了後から50億年前までの膨張速度に比べ、現在の宇宙のほうが「より速く」膨張しているというのです。

宇宙が膨張している事実それ自体は、アメリカの天文学者、エドウィン・ハッブル（1889〜1953年）の業績によって、つとに知られていました。ハッブルは1929年、現在も観測に使われているウィルソン山天文台（カリフォルニア州パサデナの北東）で得たデータから、大局的に見れば、地球から観測されるすべての銀河は地球から遠ざかりつつあり、その〝後退速度〟は各銀河までの距離に比例するという「ハッブルの法則」を発表しています。

ハッブルの法則によれば、地球に限らず、宇宙のどの点を選んでも、その点の周囲にある銀河は、その点から見て遠ざかっています。「宇宙のどの点を選んでも」ということは、あらゆる銀河どうしが互いに遠ざかっていることになります。そしてその後退速度は、その点から各銀河までの距離に比例しているのです。この観測事実が「宇宙が膨張している」ことの証《あかし》となりました。

ハッブルの法則は宇宙の膨張を明白に裏付けるものでしたが、それから約70年後に発見された、膨張速度が「加速している」事実には、多くの物理学者たちが度肝を抜かれました。──現在の宇宙には膨大な数の銀河が存在しています。その大質量に逆らって（まさしく斥力！）、しかも速度を上げながら膨張を続けている……。

強大な重力に抗《あらが》ってなお、膨張速度を上昇させるなどという芸当が、どうすれば可能になるのか？──これこそが、宇宙の加速膨張が摩訶不思議たる所以です。

2種類のエネルギー源

それではいよいよ、宇宙規模ではたらく斥力の実像に迫っていくことにしましょう。

ここまでの話には、2種類の膨張が登場しました。宇宙最初期に起こったインフレーションと、現在も続く加速膨張です。それぞれに宇宙規模ではたらく斥力である両者のエネルギー源はどうなっているのでしょうか。

後者の、速度を上げながら宇宙を膨張させているエネルギーは、「ダークエネルギー（暗黒エネルギー)」とよばれています。「見えない力」の看板に恥じず、なかなかにいかめしいネーミングですが、「ダーク(暗黒)」とついているのは、このエネルギーの正体がわかっていないからです。エネルギーが暗いとか黒いとかいった意味ではありません。

一方、インフレーションのエネルギー源は、「真空中に取り残されたエネルギー」、すなわち真空のゼロ点エネルギーだと考えられています。ラム・シフトやカシミール効果によって「実際にそのエネルギーの作用を観測することができ」、「その存在はもはや、ゆるぎのないもの」となった、あのエネルギーです。

気になるのは、この両者の関係です。ともに真空(宇宙空間)を膨張させるエネルギーなのですから、ダークエネルギー＝真空のゼロ点エネルギーと考えたくなるのが人情というものです。果たして、現時点では正体不明のダークエネルギーの有力候補として、真空のゼロ点エネルギーが考えられています。

ここで、「宇宙が膨張する」という現象をあらためてとらえ直してみましょう。宇宙が膨張するとは、宇宙そのもの、すなわち真空空間そのものが膨張することです。その意味では、「宇宙の膨張」というより「(真空)空間の膨張」のほうが正確な表現かもしれません。真空空間そのものが膨張しているということは、真空空間自身が新しい真空空間を次々と創り出していることになります。

その証拠に、現在の宇宙論によれば、宇宙全体の真空のエネルギーはどんどん増加していることが判明しています。真空のエネルギーという表現を使うと、私たちはどうしても「真空中にエネルギーがある」と考えてしまいがちですが、加速膨張という事実を知った今では、「真空そのものがエネルギーをもっている」と解釈すべきです。

真空そのものがもつエネルギーが、宇宙を膨張させているのです。

重力の影響

このように、空間の膨張が続くかぎり絶え間なく生み出される真空のエネルギーが、すなわちダークエネルギーであるならば話は単純明快です。しかし、現時点ではまだ、ダークエネルギー＝真空のゼロ点エネルギーだと断言することはできません。

その理由は、本書のメインテーマである重力が握っています。少々込み入った話になりますが、真空のエネルギーは、量子力学と特殊相対性理論から成り立つ「場の量子論」に基づいたものであり、この理論には重力の影響がまったく考慮されていません。

一方、ダークエネルギーの謎を解明するためには、重力の理論を無視することができないのです。重力を取り扱うのは一般相対性理論であり、真空のエネルギーとダークエネルギーを結びつけるためには、一般相対性理論と量子力学を統一する「量子重力理論」とよばれる重力理論が必要不可欠です。

しかし、第6章であらためて詳しく述べるように、宇宙規模ではたらく重力と極微の世界を記述する量子力学を統一的に理解するのは容易ではなく、残念ながら量子重力理論はまだ確立されていません。謎に満ちた二つのエネルギーは果たして同一のものなのか？——両者の関係の解明を目指して、今日も多数の物理学者たちがこの難問に挑んでいます。

⬇負の圧力

先ほど、「宇宙全体の真空のエネルギーはどんどん増加している」という話をしました。いわば、真空のエネルギーの自己増殖です。

真空のエネルギーの自己増殖は、宇宙空間における「負の圧力」として作用すると考えることができます。負の圧力は、斥力としての「反重力効果」をもたらします。万有引力たる重力は銀河どうしのあいだに引力をもたらしますが、負の圧力は銀河どうしのあいだに斥力をもたらします。この反重力的にふるまう斥力＝負の圧力が宇宙を加速膨張させ、銀河どうし（宇宙空間に存在するあらゆる物質どうし）を引き離します。

そう聞くと、こんな疑問を抱く人もいらっしゃるのではないでしょうか。

「私たちの暮らす地球を含む太陽系も負の圧力によってどんどん引き離され、やがてバラバラになってしまうのではないか？」

心配ご無用です。銀河に比べて圧倒的に小さい太陽系のようなシステムでは、負の圧力による反重力効果（斥力）は通常の重力（引力）に比べてあまりに弱く、太陽系内の惑星間隔を引き離すほどの影響はもたらしません。つまり、負の圧力による反重力効果（斥力）が作用するのは、宇宙全体の空間スケールで、なのです。

ちなみに、宇宙には無数の銀河が存在しますが、大局的に見ると（宇宙全体の空間スケールで考えると）、個々の銀河は、たんに真空空間に浮かんでいるというよりも、「その真空空間に密着している」と考えるほうが的確です。なぜなら、ハッブルの法則が解き明かしたように、真空空間が膨張すれば、銀河どうしは互いに遠ざかっていくからです。

宇宙の膨張はなぜ加速されるのか

宇宙全体の空間スケールには作用する一方、太陽系内の惑星間隔を引き離すほどには影響を及ぼさない負の圧力ですが、強弱こそ違え、あらゆる物質にはたらきかけていることには違いありません。この反重力による斥力は、いわば〝万有斥力〟であると考えることができます。

なぜ万有なのか？　第2章で詳しく解説した万有引力は「2物体間にはたらき、両者を互いに引きつけ合う力」でした。そして、「引きつけ合っているあいだは、2物体が互いに近づく速度がだんだん大きくなっていく」という性質がありました。

これとちょうど反対に、万有斥力は「2物体間にはたらき、両者を互いにしりぞけ合う力」です。そして、「しりぞけ合っているあいだは、2物体が互いに遠ざかる速度がだんだん大きくなっていく」性質があります。

遠ざかる速度がだんだん大きくなることに、違和感を覚える人もいるかもしれません。「距離が離れるのだから、お互いへの影響力はだんだん小さくなるんじゃないの？」と。しかし、きちんと物理法則の理にかなっているのです。もう一度、ニュートンの第二法則を思い出してください（33ページ参照）。

引力にしても斥力にしても、「力」であることには変わりがありません。ニュートンの第二法則（$F=ma$）は、「どんな力であれ、力の効果は加速である」ということを示しています。したがって、引力も斥力も、ともに「加速」を生み出します。

宇宙は明らかに加速膨張しているのですから、そのからくりの背景には必ず、なんらかの斥力が存在しています。そして、斥力は$F=ma$によって加速を生み出すのだから、宇宙空間は加速されながら膨張していることになるのです。

「謎の質量」現る！

宇宙の膨張は、真空空間自身の膨張です。真空空間の膨張にともなって新たな真空が生み出されるとともに、真空のエネルギーもどんどん増えていくことがわかっていますが、面白いことに、単位空間あたりのエネルギー密度は一定に保たれています。真空空間1㎤＝1ccあたりに含まれるエネルギーがつねに一定なのです。

そして、ダークエネルギーに関する理論的計算や、観測事実の積み重ねなどから、この宇宙を支配する新たな「重力のからくり」の存在が指し示されることになりました。

この宇宙を構成する質量の組成割合として、次の3種類が存在することが明らかになったのです。

①元素周期表に記載されている原子によって構成されたふつうの物質……約5％
②真空そのものに存在し、宇宙を加速膨張させているダークエネルギー……約71％
③正体不明な謎の物質……約24％

重力の発生源は質量です。なんと、この宇宙には、私たちがいまだその正体を知らない質量が存在していることがわかったのです。しかも、その組成割合は全質量の4分の1近くを占めている……。

章をあらためて、謎の物質の姿に迫っていくことにしましょう。

第5章

「見えない質量」のからくり

——宇宙初期から存在する「第二の重力源」

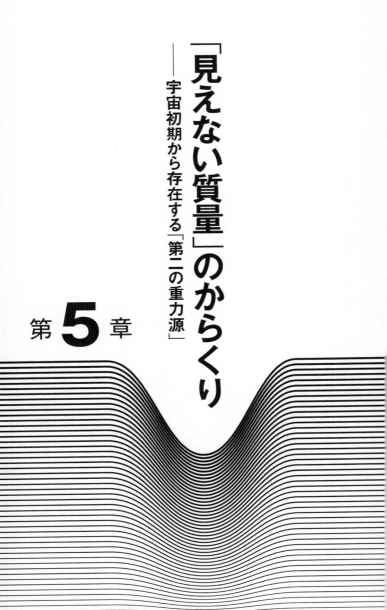

⬇暗黒には2種類ある

前章の最後で登場した、正体不明な謎の物質の名を「ダークマター（暗黒物質）」といいます。ダークエネルギーに続いて、またもや「ダーク（暗黒）」の登場です。ダークエネルギーの「ダーク（暗黒）」は前述のとおり、このエネルギーの「正体がわかっていない」ことに由来していました。

一方、ダークマターの「ダーク（暗黒）」は、意味合いが少々異なります。こちらも正体不明であることには変わりないのですが、もう一つの特徴である、「見えない物質」であることからの命名なのです。

通常の物質であれば、それが地上の物体であれ遠い星や銀河であれ、それら自身が発している光（電磁波）をとらえるか、あるいはそれらに対して照射した光（電磁波）の反射や吸収のようすをとらえることで、その姿を「見る（観測する）」ことができます。

しかし、ダークマターは光（電磁波）を発したり吸収したりすることがいっさいないため、絶対に「見ることのできない（観測不能な）」物質なのです。光（電磁波）に対して無反応であることが、ダークマターが暗黒たる所以です。つまり、ダークマターは電荷を有していません。

そして、じつに面白いことに、決して「見ることのできない」物質であるにもかかわらず、その存在が確認されているのです。なにしろ、ふつうの物質がわずか5％ほどしか存在しないこの宇宙の物質（質量）組成のうち、約24％も占めているのですから。

「見えない質量」の、なんと存在感の大きいことでしょうか。

ケプラーの第三法則

まずはダークマターの発見の経緯からご紹介しましょう。

この宇宙に暗黒物質なる未知の質量が存在していることは当初、銀河全体の回転速度から判明しました。どういうことか、太陽系を例に考えるとすぐに理解できます。

太陽系は、〝親分格〟である太陽を中心として、その周囲を水星、金星、地球、火星、木星、土星、天王星、海王星の8個の惑星が回転しています。それら8個の惑星は、太陽から遠ければ遠いほど、ゆっくり回転しています。太陽のまわりを1周する時間を「公転周期」といいますが、太陽から遠い惑星ほど公転周期は大きくなります（1周するのにより多くの時間がかかる）。

〝親分格〟にふさわしく、太陽系全体において太陽が占める質量の割合は、なんと99・8％です。太陽系のもつほとんどの質量は、太陽自身に集中しています。だからこそ、8個の惑星はどれもその巨大な質量に引きつけられ、飽《あ》くことなく太陽のまわりを周回しつづけているのです。

太陽に近い惑星ほど、太陽から強い重力（引力）を受けています。したがって、水星や金星、地球といった太陽に近い惑星ほど太陽のまわりを速く回って、（太陽から離れようとする）「遠心力」をもつ必要があります。

一方、太陽から遠距離にある天王星や海王星などは、太陽から受ける重力が弱いので、金星や地球ほどには強い遠心力をもつ必要がありません。それだけ太陽のまわりを回る回転速度は小さくてすみ、公転周期が長くなります。

ところで、各惑星が太陽から受ける重力（引力）が〝実の〟力であるのとは異なり、遠心力は「見かけの力」です。見かけの力とはどういうことでしょうか？

太陽のまわりを回る惑星のように回転運動をしている物体には、「向心力」という力がはたらきます。ここでの例でいえば、向心力とは「太陽の中心に向かって引きつけられる力」であり、各惑星が太陽から受ける重力に起因しています。

一方、地球をはじめとする各惑星には、それぞれがもつ慣性質量のために「等速直線運動を永久に保とうとする」慣性の法則がはたらいています。ところが、太陽がもつ巨大な質量が生み出す重力によってその進路が曲げられてしまうため、最も好ましい等速直線運動をしようとする惑星たちには、太陽からの向心力と釣り合うかたちで遠心力がはたらきます。両者が釣り合っていることで、惑星は太陽に近づいてぶつかったり、あるいは太陽からどんどん離れていってしまったりすることなく、安定した回転運動を維持できるのです。

惑星の回転運動に関わる唯一の〝実の〟力は向心力であり、遠心力は本物の力ではありません。あくまでも「見かけの力」なのです。

計算によれば、公転周期の長短は個々の惑星の質量にまったく無関係であることがわかっています。どんな質量をもつ惑星であれ、太陽に近い軌道を周回する惑星ほど公転周期が短く、遠い軌道を周回する惑星ほど公転周期が長いのです。

地球の公転周期が365日であることは周知のとおりですが、たとえば水星では88日、金星では225日と、たしかに太陽により近い軌道を周回する両惑星の公転周期は地球より短くなっています。他方、天王星は84年、海王星は165年と、より遠い軌道を周回する惑星の公転周期は地球より長くなっています。

このことは、惑星の公転周期の2乗が軌道の長半径の3乗に比例するという「ケプラーの第三法則」に合致しています。

法則破りの主は？

ところが、太陽系ではきっちり守られているケプラーの第三法則が、渦巻き銀河の自転運動では破られていることが観測によって判明したのです。これが、ダークマター発見の最初のきっかけとなりました。ケプラーの第三法則は、いったいどのように破られていたのでしょうか。

なんと、渦巻き銀河の中心にある星やガスの回転速度と、中心から離れた星やガスの回転速度がほとんど同じだったのです。太陽系でいえば、水星や金星と、天王星や海王星がほとんど同じ速度で太陽のまわりを周回しているということです。水星では88日、海王星では165年だった公転周期が同じになるというのですから、どれだけ異常な事態であるかがわかります。

渦巻き銀河は、まるで巨大なDVD（ディスク＝円盤）が丸ごと回転しているように、銀河全体がひとまとまりになって自転運動をしていたのです。この事実を知った物理学者たちはこう考えました。

「こんなことが起こっているなんて、渦巻き銀河の内部には『目に見えない大量の質量』を有するなんらかの物質がはびこっているに違いない。そのなんらかの物質の質量が、渦巻き銀河を構成している星やガスに重力効果を与えているために、内側の星やガスも外側の星やガスも同じ回転速度で回るという奇妙な自転運動をしているのだ！」

この「目に見えない大量の質量」をもつ物質は、渦巻き銀河の自転運動に重力効果をもたらしているので、明らかに「重力質量」をもっていることになります。

目には見えないけれども質量をもつ物質——、すなわち「ダークマター（暗黒物質）」とよばれるようになった所以です。

「見えない質量」と「見える質量」はどう違う？

それでは、この「見えない質量」と、通常の「見える質量」とは、何がどう違っているのでしょうか。

両者の相違点を探っていくために、まずは、そもそも質量がどのようにして生まれたのか、その起源について考えてみることにしましょう。

「質量が生まれる」と聞いてまず思い浮かぶのは、本書でもたびたび登場している$E=mc^2$です。なにしろエネルギーから質量を生む「エネルギーの物質化」を実現できるのですから、いかにも「質量の起源」という一大ドラマの主役を張れそうな風格が漂っています。

しかし、結論から先にお伝えすると、$E=mc^2$は意外にも質量の起源とは関係がありません。その背景には、前章で大活躍した真空のエネルギーの存在があります。

宇宙の下限温度である絶対ゼロ度でもエネルギーをもつ真空のエネルギーは、ダークエネルギーの有力候補でもあるという魅力的な存在でした。しかし、このエネルギーには、ある意味で致命的な〝欠点〟があります。何をどうやっても、決して取り出すことができないのです（その理由は、真空のエネルギーが熱エネルギーではないことに起因するのですが、ここではこれ以上深入りせずに、話を先に進めます）。

「何をどうやっても、真空のエネルギーを決して取り出すことができない」という事実は、きわめて重要です。なぜなら、真空のエネルギーが〝実の〟エネルギーではないことを意味しているからです。

絶対ゼロ度の真空空間には、$E=mc^2$を通して無数の仮想粒子たちが生成と消滅を繰り返しているのでした。しかし仮想粒子は、〝実の〟エネルギーではない真空のエネルギーを束の間《つかま》だけ借りて、不確定性原理の許す時間の範囲内でのみ存在できる、いわば〝かりそめ〟の存在です（だから「仮想」！）。そのような仮想粒子がどれだけ存在しようと（それがたとえ無限個であっても）、仮想粒子からだけでは、決して物質が生まれることはありません。

実際、宇宙誕生初期の真空のエネルギーからは、$E=mc^2$によって質量を生み出せないことがわかっています。「質量の起源」は本書にとってのみならず、物理学における最も重要なテーマの一つですが、さしもの$E=mc^2$も、最初期の質量（m）の誕生にはいっさい関与していないのです。

⬇「完全対称性」をもっていた宇宙

$E=mc^2$が無関係であるというのなら、いったい何が質量を生み出したのでしょうか？　前章で登場したビッグバンの頃まで、時計の針を巻き戻してみましょう。

ビッグバンが起きた当時の宇宙空間は、大量に発生した高エネルギーの光子で満ちていました。それらはもちろん仮想光子ではなく、〝実の〟光子です。〝実の〟光子がもつエネルギーが熱エネルギーに変換されたことで、ビッグバン発生当時の宇宙の温度が10^{20}度Cという超高温に達していたことはすでにお話ししたとおりです。

じつはこのとき、大量の〝実の〟光子に加えて、あらゆる種類の素粒子（電子やクォークなど、内部構造をもたない粒子とその反粒子たち）もまた、宇宙空間を飛び交っていました。そして、それらすべての粒子はいずれも無質量のまま、光速度cの速さで走り回っていたのです（特殊相対性理論によれば、質量をもたない粒子は必ず光速度で走らなければならないのですが、この点に関する詳細は第6章で説明します）。

あらゆる素粒子が無質量だったのは、このときの宇宙にはまだ、物質が存在しないからです（物質なくして質量なし！）。物質が存在しないということは、当然ながら星や銀河といった構造物はいっさい存在しません。この当時の宇宙空間を、もしなんらかの手段で観測できたとしても、どの地点からどの方向を見ても何の違いもなく、まったく同じ空間に見えたはずです。

一様に広がったこのような空間は「完全対称性をもつ」と表現されます。誕生直後の宇宙も、完全対称性を保っていました。ところが、ビッグバンから100億分の1秒（10^{-10}秒）が経過したとき、ある劇的な出来事が宇宙を襲います。

➡「ヒッグス場」の果たした役割

その劇的な出来事とは、真空に「相転移」が起こり、完全対称性が自発的に破れるというものでした。「自発的対称性の破れ」が生じたのです。対称性が自発的に破れた結果、真空には「ヒッグス場」が姿を現します（このあたりに関する詳細は紙幅の都合上、割愛せざるをえないので、拙著『真空のからくり』講談社ブルーバックスをご参照ください）。

ヒッグス場が現れると、光速度cで走り回っていた無数の素粒子たちがそれぞれヒッグス場と反応し、質量を獲得します。ヒッグス場との反応の仕方は素粒子の種類ごとに違っていて、強く反応する粒子が大きな質量を得るのとは対照的に、反応の弱い粒子は少量の質量しか獲得しません。

特殊相対性理論によって、いったん質量を獲得した素粒子はもはや、光速度cで走ることはできません。獲得した質量に応じて減速され（重い粒子ほどより減速される）、それぞれ光速度未満の速度で走るようになります。

他方、ヒッグス場とまったく反応しない素粒子もあり、そのような粒子は質量を獲得することなく、これまでどおり光速度のまま飛び続けます。そのような粒子の代表格が光子です。

ヒッグス場と粒子の反応という現象こそが「質量の起源」であり、このメカニズムによって質量を獲得した素粒子たちが寄り集まって、やがて物質を形成し、星や銀河の誕生へとつながっていきます。先ほど「物質なくして質量なし」といいましたが、「質量なくして物質なし」もまたしかりで、質量の誕生こそが、この宇宙を形成する原動力となったのです。

そして、ヒッグス場は現在もなお、私たちの暮らす地球を含む宇宙全域にわたって存在しています。万が一にもヒッグス場が消えてしまったら、この宇宙からはいっさいの質量が消え去ることになります。すなわち、すべての物質が消滅してしまうことになるのです（質量なくして物質なし！）。

なお、ヒッグス場との反応から素粒子が得る質量は「静止質量」です（84ページ参照）。また、本書では詳しく扱いませんが、陽子や中性子を構成しているクォークが質量を得るメカニズムには、ヒッグス場も関与しているもののその役割は限定的で、「カイラル対称性の破れ」とよばれる現象に基づく質量獲得のほうが圧倒的に大きいことがわかっています。

➡ダークマターの「質量の起源」は？

「質量の起源」について詳しく見てきた直後にちゃぶ台をひっくり返すようで恐縮ですが、じつは「見えない質量」ことダークマター（暗黒物質）のもつ質量は、どうやらヒッグス場を通して獲得したものではないらしい、ということがわかっています。

では、ダークマターはいったいどのようにして質量を得たのか？——残念ながら、現時点ではまったく解き明かされていません（正体不明！）。

ふつうの物質に質量を与えたヒッグス場に由来する「ヒッグス粒子」という粒子の存在が知られており、これが巨大な質量をもつことから、ダークマターはヒッグス粒子でできているのではないか、という推測もなされています。しかし、ヒッグス粒子はあまりにも質量が大きいために$E=mc^2$を通してエネルギーが極端に高く、きわめて不安定な状態にあります。その結果、短時間でより軽く、より安定な粒子へと姿を変える（崩壊する）ことが知られています。

一方、これまでの観測結果から、ダークマターはきわめて安定であると考えられており、ヒッグス粒子の特徴とは整合しません。その正体はまだまだ闇の奥、暗黒以上の漆黒《しっこく》の世界にあるというほかないでしょう。直接見ることもできず、正体もわかっていないのですから、ダークマターがどのように誕生するのか、その発生源もまた、まったくもって不明です。

それでもなお、渦巻き銀河の自転運動の例から明らかなように、ダークマターは、ふつうの物質やダークマター自身と「重力相互作用」によって互いに影響を及ぼしあっています。ダークマターは、その姿は見えなくとも「重力質量」をもっているため、万有引力（重力）に直接寄与し、銀河の生成とその構造維持においてとてつもなく大きな役割を担っているのです。

ダークマターはすでに宇宙初期から存在していたと推測されており、その重力相互作用は「銀河の形」にも影響を及ぼしてきたと考えられています。このように考えると、宇宙の進化の過程で幾多の銀河が形成されてきたその陰で、ダークマターがいかに重要な位置を占めてきたのかが容易に想像されます。文字どおりの「目に見えない貢献」をしてきたのが、ダークマターだと言えるでしょう。

ダークマターを見る！

しかし、「正体不明で見ることができない」と言われれば言われるほど、「正体が知りたい！見たい！」と思うのが人間の好奇心というものです。自然界の摂理を探究し、物理法則を見出してきた科学の営みは、まさしくそのような「知りたい！」意欲に突き動かされて、切りひらかれてきたのです。

電磁波（光）をいっさい発しない（吸収・反射もしない）ダークマターの存在を、どうにかしてとらえることはできないでしょうか。直接的に観測することは不可能でも、なんらかの手段でその輪郭に触れることはできないでしょうか。

じつは、宇宙規模でダークマターを検出する最も有力な方法として、「重力レンズ効果」が考えられています。重力とレンズとは一見、意外な組み合わせです。重力レンズ効果とはなんでしょうか。

レンズと聞いてまず思い浮かぶのは、光学レンズでしょう。光学カメラや光学望遠鏡に使われるあのレンズです。光学レンズは、光の屈折現象を利用して光を集め、対象物の解像度を高めることでくっきりした映像を撮影したり記録したりする目的で使われます。

光の屈折とは、光が進行方向を変えることなので、光学レンズは屈折現象を利用して「光を曲げる」作用を果たしていることになります。

一方、重力レンズとは、「質量が時空を曲げる」ことによって生じる現象です。質量が時空を曲げる!?――それを理解するためには、一般相対性理論にご登場願わねばなりません。

一般相対性理論の本質

第2章でも簡単に触れたように、「時空」とは、縦・横・奥行きの3次元の空間と1次元の時間とを一緒にして「4次元時空」としてまとめたものです。この宇宙は空間と時間を切り離せないような構造になっているため（両者は一体不可分！）、3次元空間が曲がるということは、同時に時間も曲がることを意味しているとも記しました。

この点をもう少し深掘りしてみましょう。

一般相対性理論によれば、質量とエネルギー（$E=mc^2$を通じて、エネルギーは質量と等価になります）は、その周囲の時間と空間＝時空を曲げます。注意が必要なのは、重力が時空を曲げるのではなく、質量（および$E=mc^2$を介して質量と等価になるエネルギー）が時空を曲げる点です。

時空を曲げた質量は、その空間に「重力場」を作り出します。重力場が存在する空間（4次元時空）は曲がっています。そのような空間に置かれた物体は重力場と相互作用し、物体には重力が作用します。そしてその物体は、重力のなすがままに動きます。

重力場が存在する4次元時空において、重力という力は、その時空の曲がりの程度（どのくらい曲がっているか）によって表されます。時空の曲がりが大きいほど重力が強く、曲がりが小さいほど弱くなります。つまり、重力が発生するのは「時空が曲がる」せいであり、重力によってなすがままに動く物体は時空の曲がりに沿って動くのであって、力がはたらくために動くのではありません。

一般相対性理論の本質とは、「重力を時空の曲がりに置き換える」ことにあります。

「時空の曲がり」とはなにか

「時空の曲がり」とはなんでしょうか？　理解しやすくするために、「時間の曲がり」と「空間の曲がり」に分けて考えてみましょう。

「時間の曲がり」とは、時刻の刻み方（進み方）が速くなったり遅くなったりすることを指します。時刻の刻み方が速くなったり遅くなったりするといっても、それは「時計が故障して時間が遅れた！」などといったこととは根本的に事情が異なります。

質量によって曲げられるのは、たとえこの宇宙にただの一つも時計が存在しなくても、変わらず存在している普遍的な「時間」です。そのような本質的な時間の進み方が速くなったり遅くなったりすることが、「時間の曲がり」です。それでは、時間はどのように曲がるのでしょうか？

重力場の弱い空間から重力場の強い空間を見ると、重力場の強い空間での時間の進み方のほうが、重力場の弱い空間での時間の進み方より遅くなるのです。つまり、重力が強い空間では時間がゆっくり進みます。逆に、重力場が強い空間から重力場の弱い空間を見ると、後者の時間の進み方が速くなっています。

時間の進み方、あるいは時間の曲がりは、どの視点から（「どの座標から」と言い換えることができます）観測するかによって相対的に変化することがわかります。それゆえに「相対」性理論と名付けられているのです。

時間の曲がり方のイメージが摑めたでしょうか。

➡では、「空間の曲がり」とは？

一方、「空間の曲がり」とはなんでしょうか？

じつは、私たちよりもずっと深く、空間の曲がりを熟知している存在があります。お馴染みの「光（電磁波）」です。

光には「直進性」とよばれる性質が備わっています。とにかく光はまっすぐ進む――灯台のサーチライトや懐中電灯を思い浮かべればわかるように、光源から出た光は、迷うことなく一直線に進みます（グニャグニャと折れ曲がりながら進む光を見たことがありますか？）。

たとえば、車のヘッドライトが眩《まぶ》しいときは、手をかざして目に直接当たらないようにしますね。つまり、光を遮《さえぎ》ることは簡単です。しかし、光を曲げるのは容易ではありません。えっ、鏡で跳ね返すって？　反射を用いることでたしかに進行方向を変えることはできますが、跳ね返った光はやっぱりまっすぐ進みます。ことほどさように、光の直進性は〝頑固〟なのです。

しかし、じつは光の直進性は、ある特定の条件の下でしか成立しません。その条件とは、光が「重力場のまったく存在しない空間」の中を走っていることです。すなわち、質量によって曲げられ、重力場が存在する4次元時空においては、光はまっすぐ走ることができないのです（もちろん、先に示した灯台のサーチライトや車のヘッドライトも「重力場のまったく存在しない空間」の中を走っているわけではありません。地球の質量が作り出す重力場の中を走っているのですが、地球の質量がもたらす時空の曲がりは日常の感覚では絶対に体感できないごくわずかなものなので、事実上、直進していると考えてまったく問題ないのです）。

重力場が存在し、曲がっている空間を走る際には、光はその曲がりに沿って進みます（つまり、曲線上を走る）。面白いことに、光が走る曲線は必ず、その曲がった空間における2点間（光が走る始点と終点の間）の最短距離になっています。必ず最短距離を走る——光が「空間の曲がりを熟知している」所以です。

そして、光が走る曲面上の最短距離の道筋を「測地線《そくちせん》」とよびます。

測地線とはなにか

測地線とは、「二つの離れた曲面上の点を結ぶ（局所的に）最短の線」のことです。図5－1の上側には簡易的な地球が描かれ、二つの離れた点（P＝成田、Q＝サンフランシスコ）が打たれています。地球をゆがみのない完全な球であるとすると、二つの離れた点PとQを結ぶ最短の線はどうなるでしょうか。

図5－1上に描かれた地球のような「完全な球」の表面に沿って、その球の中心が円の中心となるように描かれた円は、曲線であるのに直線でもあるという一風変わった特徴をもっています。

地球でいえば、赤道や、南極と北極を結ぶすべての経線（子午線）などがこれにあたり、それらすべての円はいずれも、同じ直径（地球の直径）をもちます。地球（完全な球）の表面に描きうる最大直径の円となっていることから、「大円《だいえん》」とよばれています。

ある一つの大円上にある2点間の、その大円に沿った距離が、この2点間の最短距離となります（ただし、その両点は大円の円周の2分の1以下の距離内にあるという条件がつきます）。そして、それがどんな大円であれ――地球上であれ、他の完全な球の上であれ――、大円上にある二つの離れた点を、この大円に沿って結ぶ線は、すべて「測地線」となります。

図5－1

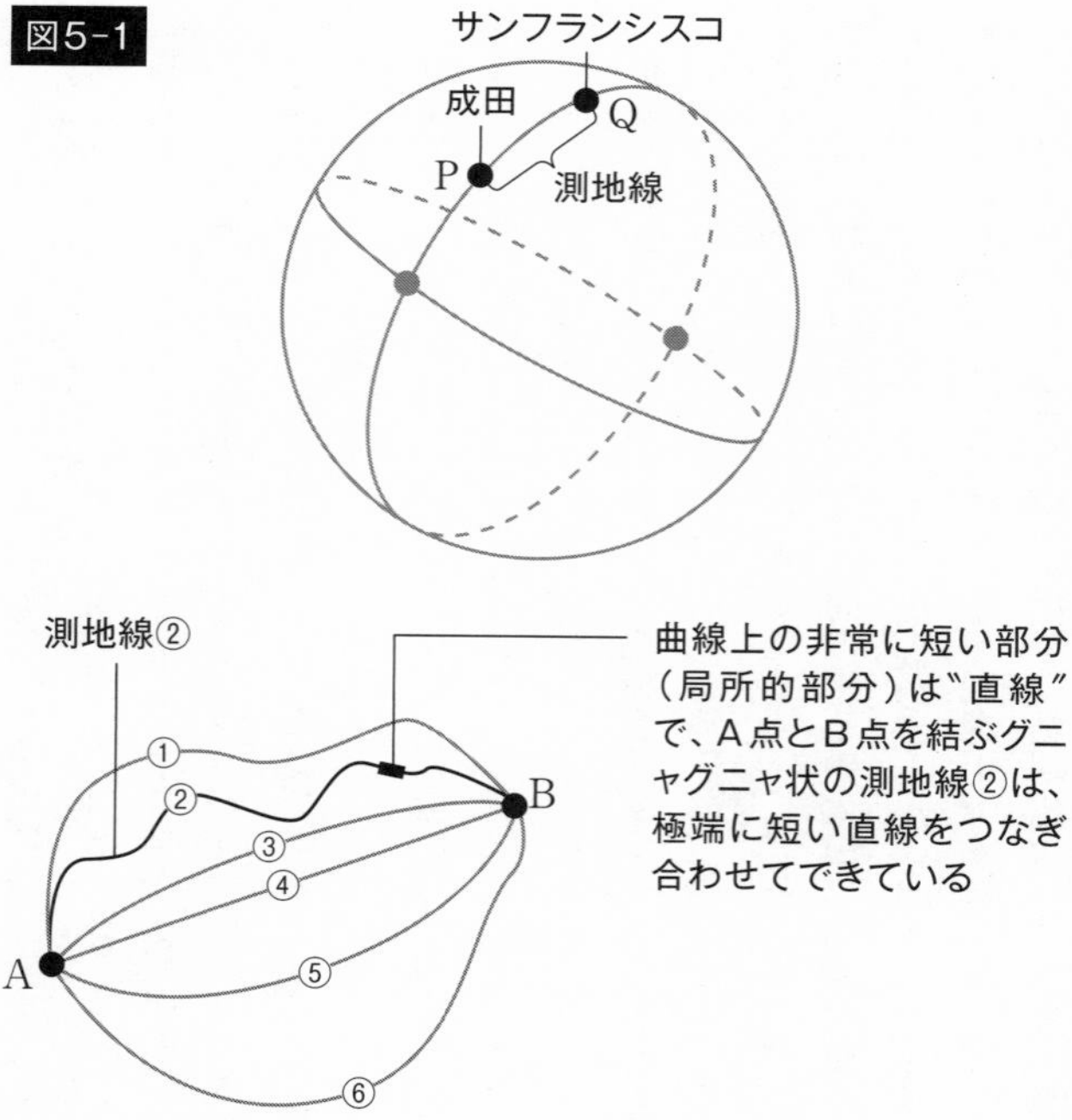

図5－1上の点PとQは、ある一つの大円上に描かれていますので、その大円に沿って両点を結ぶ線がP－Q間の最短距離＝測地線となります。

成田―サンフランシスコ間を飛行機で移動することを考えるなら、この測地線上を飛ぶのが最短距離となります。移動に必要な時間と燃料を最小限にするためには、測地線上を飛ぶのが最善ということになります。

スマートな光

しかし、完全な球を前提とし

ている大円は、かなり特殊なケースです。もっと一般的な場合の測地線について考えてみましょう。

図5-1の下側に、任意の二つの点A、Bを結ぶ6本の線が描かれています。そのうち5本（①〜③、⑤、⑥）は曲線で、1本（④）が直線です。紙面で表現する都合上、2次元的に描かれていますが、これら6本の線はいずれも、3次元空間中に描かれたものだと考えてください。すなわち、点AとBを結ぶ曲線はこの空間中に無数にありえ、描かれた6本はあくまでその一例にすぎないということです。ここでは、図5-1下に描かれた二つの離れた点AとBのあいだを光が走ることを考えます。

重力場と測地線を考える際に忘れてはならないのは、「光が空間の曲がりを熟知している」ことです。まるで、あらかじめどの経路に沿って走れば最短距離になるのかを知っているかのように、光は必ず、最短距離を与える線を選択します。そして、ここでいう「最短距離」とは、2点間を結ぶ無数の線のうち最少の時間しか要さないもの、すなわち測地線です。曲がった線（曲線）でも最短距離になりえます。

重力場が存在せず、時空がまったく曲がっていない場合には、最短距離は直線となり、光はA点とB点を結ぶ直線を選びます（図5-1下の④）。光の直進性の面目躍如です。

他方、空間に重力場が存在する場合は、時空は曲がっています。曲げられた空間における2点間の最短距離は決して直線にはなりません。２点Ａ、Ｂのある空間が重力場に満たされ、曲がっているものとして、Ａ—Ｂ間の最短距離＝測地線が図５－１下の曲線②であるとしましょう。この場合は光の直進性が失われ、光は曲線②に沿って走ります。

曲線が最短距離であるというのは、時空の曲がりを体感できない日常の感覚からは不思議な印象を覚えます。しかし、どんなにグニャグニャに折れ曲がっている曲線でも、その曲線上の一点を選び、その一点の近くのきわめて短い線分だけを考えれば、事実上、直線ととらえることが可能です。測地線は、その「きわめて短い直線」たちをつなぎ合わせてできていると考えることができます。

つねに最短距離を選択する光は、どんなに折れ曲がった測地線でも間違えずに選び出すことができるほど、空間の曲がりを熟知しているのです。

重力レンズ効果

前置きが長くなりました。

いよいよ、ダークマターの存在をとらえる可能性を秘めた「重力レンズ効果」について見ていくことにしましょう。

空間の曲がりを熟知していて、つねに最短距離を選択する——そのような光の性質を考える際に大切なのは、たとえ曲がった空間であっても、光は直進しているということです。光は曲がった空間に沿って走りますが、曲がっているのは空間であって、決して光ではありません。最短距離を走る光は、測地線に沿って「直進」しているのです（図5－1上に描かれたP—Q間を結ぶ測地線を思い出してください）。

さて、大質量を有する銀河や銀河の集団（銀河団）の周囲の空間は、その大質量によって大きく曲げられています。したがって、光の進む道筋も、その空間における測地線に沿うことになります。

図5－2をご覧ください。

図の左側中央に描かれている「観測目的の銀河」は、観測地点である「地球上の望遠鏡」から見てかなり遠方にあります。この遠方の銀河からは、実際には無数の光線が四方八方に放出されていますが、図では4本の光線だけが描かれています（黒い矢印のついた実線）。観測目的の遠方の銀河と望遠鏡が設置してある地球のあいだに描かれている黒い物体は、大質量を有する銀河や銀河団を表しています。

図には、地球上の望遠鏡で観測された遠方の銀河の「見かけの像」が二つ、「観測目的の銀河」の上下に描かれています。このような「見かけの像」はなぜ生じるのでしょうか。

図5-2

観測目的である遠方の銀河と、望遠鏡が設置してある地球とのあいだに、「重力レンズ効果」を引き起こす巨大な質量をもつ天体がある（巨大銀河や銀河の集団など）。アインシュタインの一般相対性理論によって、大量の質量は周囲の空間を曲げる。空間の曲がりに沿って光も曲がる……否、光は空間を直進する。光は測地線に沿って直進する！

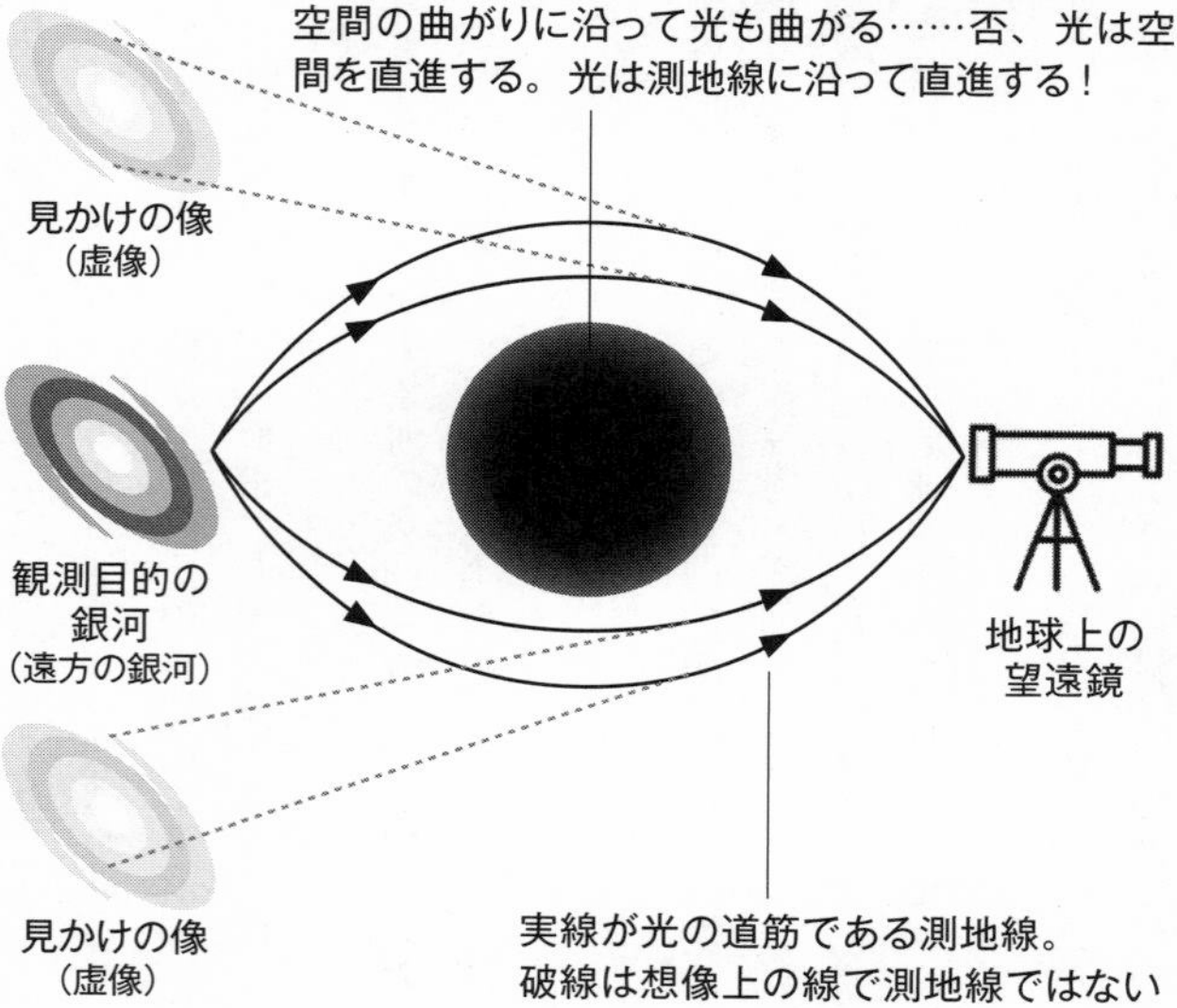

その理由は、光の直進性にあります。日常的な体験から、私たち人間の脳には「光はまっすぐ進む」という先入観が刷り込まれています。そのため、光の曲がりを認識できず、望遠鏡を通して観測する光線を疑うことなく「直進してきた」ものとして認識してしまいます。

「見かけの像」は、直進してきたと誤認した光線を逆にたどり、そのまま曲げずに延長した直線（図の点線）上に、虚像として現れます。地球上の観測者にとっては、遠方の銀河からやってくる光は、あたかも「見かけの像」から直線的にやってきたように見えるというわけです。

地球上の観測者が見ようとしているのは「一つの遠方の銀河」なのに、望遠鏡で観測されるのは「二つの見かけの像」になってしまう——これが「重力レンズ効果」です。

焦点の違い

ここで、先ほどレンズの代表格として思い浮かべた「光学レンズ」と「重力レンズ」の〝決定的な違い〟を確認しておきましょう。この違いによって、私たちは驚くような映像を見ることになります。

地球と太陽の距離は1億5000万kmです。これだけ遠ければ、地球に降りそそぐ太陽光線は事実上、すべて「平行光線」ととらえることができます。同様に、地球からたとえば100億光年も離れているような巨大銀河から発した光線のうち、その途上で出会う天体（重力レンズ効果をもたらす銀河など）がかなり小さい場合にも、その近傍を通過する光線を平行光線と考えることができます。

ここで「平行光線」に拘泥《こうでい》する理由は、図5-3を見れば一目瞭然でしょう。

図5-3

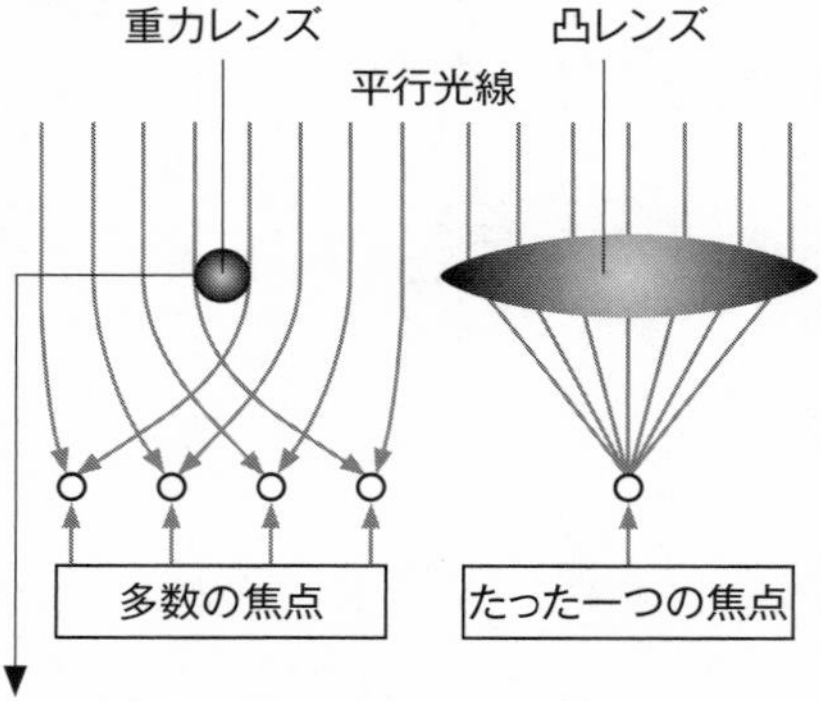

光学カメラや光学望遠鏡などに使われる凸レンズは平行光線がレンズを通過した後、集光して焦点が1つしか得られない。これはシャープな1つの像が得られることを示している

この球は「重力レンズ効果」をもたらす1つの比較的小さな銀河を表す。この小銀河を「（重力レンズ）重力源」とよぶことにする

平行光線が、光学カメラや光学望遠鏡、光学顕微鏡等に使われる凸レンズ（光学レンズ）を通過する際は、屈折によってその経路を曲げられ、1点に集光します。この1点を「焦点」といいます（図5－3右）。1点に集光する理由は、凸レンズの中央に近い部分を通過する光線ほど曲がり（屈折）の程度が小さく、中央から離れるほど曲がり（屈折）の程度が大きいことによります。

一方、重力レンズの場合はその反対で、重力レンズ効果をもたらす銀河（「重力源」とよぶことにします）に近づくほど光線の曲がり（空間の曲がり）が大きく、重力源から遠のくほど光線の曲がり（空間の曲がり）は小さくなります。凸レンズとのこの違いは「焦点の数」として現れ、重力レンズでは、多数の焦点が現れます（図5－3左）。

図5-4

大質量Mから遠い領域ほど
空間の曲がりは小さく、
したがって光源からやってくる光線はあまり曲げられない

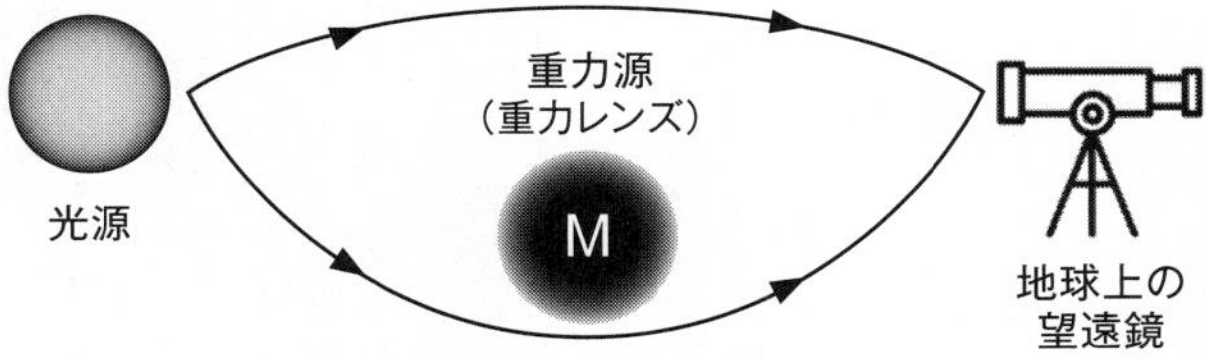

大質量Mに近い領域ほど
空間の曲がりは大きく、
したがって光源からやってくる光線は大きく曲げられる

驚くような映像

大きな質量をもつ天体による重力レンズ効果について、あらためてまとめておきましょう（図5－4）。重力レンズ効果による光線の曲げられ方（空間が曲げられる度合い）は、重力源に近い領域ほど大きく、重力源から遠い領域ほど小さくなります。

凸レンズのように焦点が一つしか現れない場合には、その焦点において、一つのシャープな（鮮明な）像が得られます。このことは、日常で体験するカメラや望遠鏡、顕微鏡などによる映像からも、よく理解できるでしょう。

これとは対照的に、重力レンズの場合は無数の焦点が円状に現れ、いずれもぼやけた虚像となって観測されます（図5－5）。「驚くような映像」といったのはこのことです。円状に並ぶ多数の虚像はすべて同一の銀河のも

図5-5

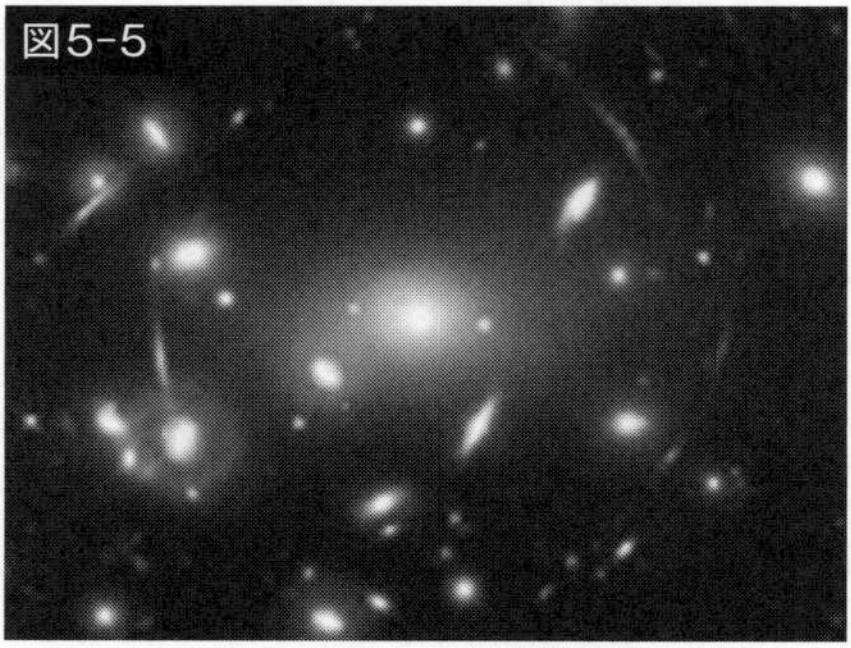

重力レンズ効果によって遠くの銀河の光が曲げられているために、遠くの１つの銀河がいくつにも見えている（同じ銀河が多数あるように見える虚像）。凸レンズは屈折によって光線を曲げるが、質量は時空を曲げる！　だから、質量によって曲げられた時空は重力レンズとしてはたらく
（http://staff.on.br/jlkm/astron2e/AT_MEDIA/CH25/CHAP25AT.HTMより）

ので、たった一つの銀河がいくつも存在しているかのように見えるのです。

図５－２において虚像が二つだったのは簡易的に描いたためで、実際には図５－５のように、多数の虚像が観測されます。そのことを模式的に示したのが、図５－３左に描かれた「多数の焦点」でした。

明るく見える虚像

興味深いのは、「ぼやけた」とはいっても、これら虚像がどれも明るく見えることです。虚《うつろ》な像なのですからもっとぼんやり見えてもよさそうなものですが、重力レンズ効果の影響を受ける光線は観測者側に曲げられて集光するために、重力レンズ効果がない場合に比べてより明るく見えるのです。

「見えない質量」ではあるものの、「見える質量（ふつうの物質）」や自分たち自身と重力相互作

用を起こすダークマターもまた、大質量をもつ銀河や銀河団と同じように空間を曲げるはずです。つまり、ダークマターもふつうの物質と同様に、光を曲げることになります。

それはすなわち、ダークマターが重力レンズ効果をもたらす要因＝第二の重力源となることを示していますが、どうすれば、この効果を通してダークマターの存在を捕捉できるでしょうか？

仮に、銀河を含むすべての天体が、元素周期表に記載されている原子からなる「ふつうの物質」だけで構成されていて、それらふつうの物質による重力レンズ効果によって得られるある天体の像を計算で描き出すことが可能であるとします。次に、その同じ天体を望遠鏡で実際に撮影してみると、その写真には、図5－5のような重力レンズ効果がはっきりと写し出されています。

そこで、先に計算だけを基にして描かれた「重力レンズ像」と、実際に望遠鏡で撮影した「重力レンズ像」とを比較してみます。写真撮影した重力レンズ像のほうが計算によって描かれた重力レンズ像よりも天体像の変形が大きく、重力レンズ効果がより強く現れていたとしたら、どうでしょうか。

それは、空間の曲がりによる重力レンズ効果がふつうの物質によるものだけではなく、正体不明で観測不可能なダークマターによる重力レンズ効果も含まれている証拠になります。これが、「重力レンズ効果」を利用して、ダークマターの存在やその量を知るための手がかりを与えるヒントになってくれるでしょう。

２０１９年に、史上初めてブラックホールの撮影に成功した際には、国際的な大ニュースになりました。ダークマターの姿をとらえることに成功した暁には、それと同様の、否、それ以上のビッグニュースとなることでしょう。今から楽しみですね。

＊

この宇宙の物質（質量）組成のうち、約24％も占めているダークマターは、「見えない質量」ではあっても、巨大な渦巻き銀河の自転運動に影響を及ぼすなど、抜群の存在感を誇っています。その存在感にあおられるように、本章では巨大な質量の関わる現象を中心に目を向けてきました。

その流れからは意外に感じられるかもしれませんが、じつは重力は、きわめて弱い力です。もっと大胆に「弱すぎる！」と言っても過言ではありません。そのような弱い力がなぜ、宇宙の構造を築き上げる中心的ポジションを占めるにいたったのか。そして、「はじめに」で指摘した、重力が「孤独な力」であるとはどういうことか──。

本書の締めくくりとなる最終第6章では、その観点を皮切りに、「重力のからくり」をさらに深く掘り下げていくことにしましょう。

第6章

重力のからくり

——相対論と量子論はなぜ「相容れない」のか

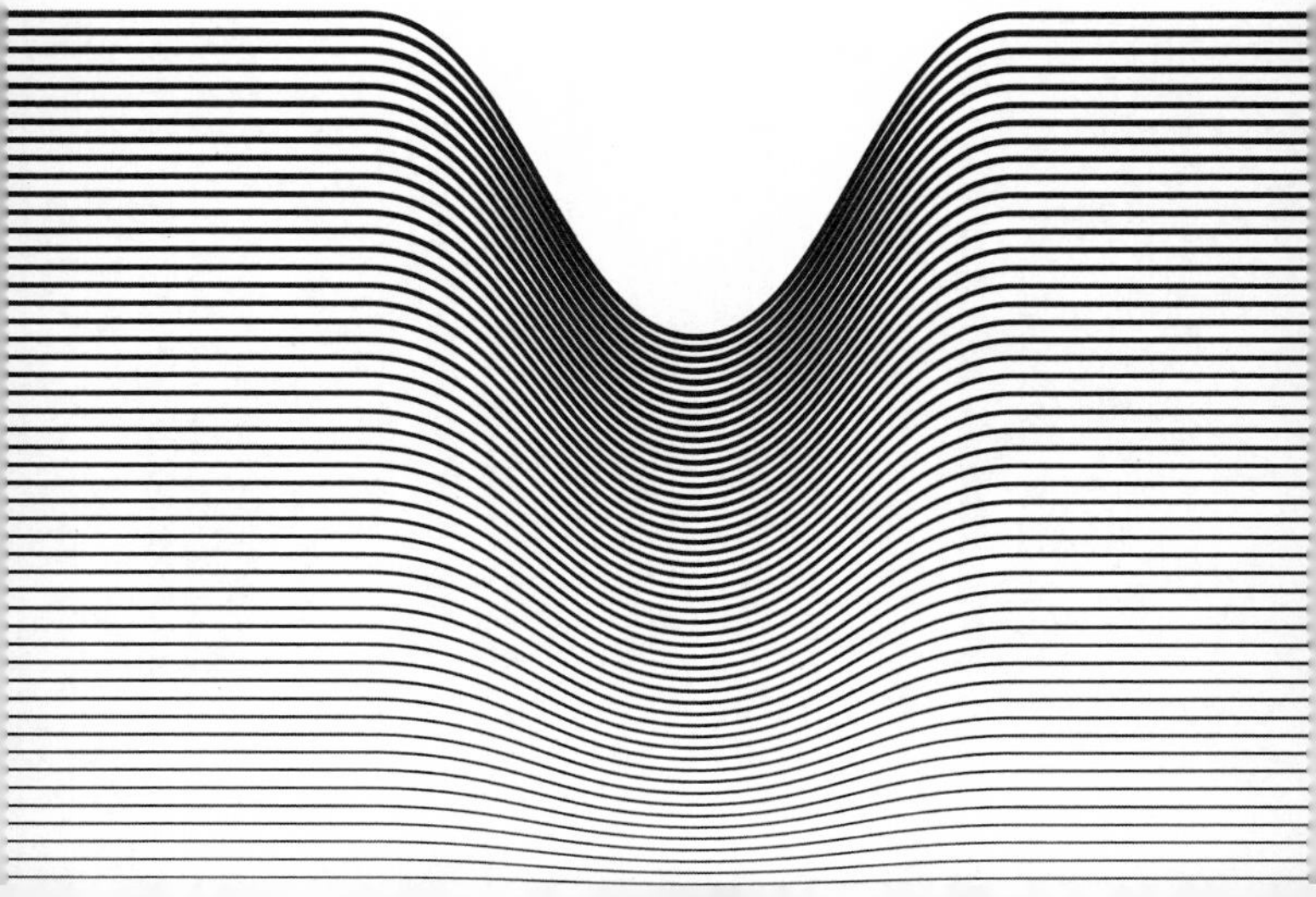

「弱すぎる」のに万物の生みの親!?

第4章の冒頭で、万有引力たる重力の存在があるからこそ、この宇宙に今あるようなさまざまな構造が生まれたのだ、ということを強調しました。なにしろ、もし重力が存在しなかったなら、星や惑星、銀河といった巨大な構造物はもちろん、人間をはじめとするいっさいの生物も誕生しえなかったのですから、引力をもつ万物——すなわち、この宇宙におけるありとあらゆる物質(物体)は、その存在を重力に依存しているといっても過言ではありません。

一方、前章の末尾では、重力がきわめて弱い力であることをお伝えしました。しかも、それは「弱すぎる」ほどの弱さなのだ、と。

なんだか矛盾するような話ですが、決してそうではありません。それを理解するためにはまず、この宇宙に存在する4種類の力について知る必要があります。

宇宙に存在する4種類の力

図6-1に、この宇宙に存在する4種類の力をまとめます。宇宙にはこの4種類の力しか存在せず、ゆえにこの4種類の力を理解すれば、宇宙ではたらく力のすべてを理解できます。

図6-1

力の種類	力の強さ	力の源「荷」	到達距離	どこに現れるか
強い力	10^{40}	色荷（カラー荷）	10^{-13}cm（原子核の直径程度）	陽子や中性子を構成するクォーク間。原子核を構成する
電磁力	10^{38}	電荷	無限大	すべての電磁気現象。原子や分子を構成する
弱い力	10^{15}	弱荷	10^{-16}cm（強い力の1000分の1程度）	ベータ崩壊。放射性元素から放射線が出る過程
重力	1	質量	無限大	宇宙規模で顕著に現れる。地球や太陽系、銀河、宇宙全体にはたらく

ただし、一つだけ注意していただきたいことがあります。第1～2章で詳しく解説したニュートン力学においては、力とは「物体を加速させる要因」のことでした（「力なくして加速あらず！」を思い出してください）。

しかし、ここでご紹介する4種類の力は、「相互作用を引き起こす要因」です。しかも、これら4種類の力はいずれも、なんらの接触なしに「相互作用」をおこないます。何と、どうやって？

力の強い順に見ていきましょう（図6－1の「力の強さ」は、重力の強さを1としたときの相対値を示しています。また、ここでいう重力は宇宙スケールにおけるものではなく、原子レベルでの重力です。原子レベルにおいては、原子を構成する粒子の質量が小さすぎるため、近距離であっても重力は極端に弱いことに留意してください）。

①強い力（重力の強さの10^{40}倍）

二つのクォーク間で作用する力。到達距離は原子核の直径程度。陽子や中性子は三つのクォークが集まって構成されているが、「グルーオン」という質量ゼロの粒子によってクォーク間に引力がはたらき、陽子や中性子の構造が保たれている。グルーオンによる引力が「強い力」で、この「強い力」によってクォーク間に「強い相互作用」が発生する結果、陽子は陽子としての、中性子は中性子としての存在が可能になる。

②電磁力（重力の強さの10^{38}倍）

電荷によって生じる電気力と磁力の総称で、二つの荷電粒子（電子や陽子のように帯電している粒子）間で作用する力。二つの荷電粒子がもつ電荷の符号（プラス／マイナス）の組み合わせによって、引力と斥力が生じる（異なる符号どうしは引き寄せあい、同じ符号どうしは反発しあう）。「電磁相互作用」もまた、質量ゼロの（仮想）光子によって伝達される。電磁相互作用が無限大の距離まではたらくことで、プラスに帯電した陽子によって全体として電気的にプラスになっている原子核と、マイナス電荷をもつ電子とが強く結びつく。

原子を構成する基本粒子（陽子、中性子と電子）のあいだに「強い相互作用」と「電磁相互作用」がつねにはたらいていることで、原子はその構造を安定的に保っている。

③弱い力（重力の強さの10^{15}倍）

放射性元素が放射線を放出し、別種の原子核へと姿を変える「ベータ崩壊」とよばれる現象のプロセスではたらく力。「弱い相互作用」を伝達するのは3種類の「ウィークボソン」とよばれる粒子で、大きな質量をもつ（グルーオンや光子とは異なり、ウィークボソンは170ページで登場したヒッグス場と反応したため）。到達距離は強い力の1000分の1程度と、4種類の力のなかで最も短い。

④重力

二つの質量間で作用する力。他の3種類の力に比べて圧倒的に弱いが、「重力相互作用」には、電磁相互作用と同様に無限大の距離まではたらくことに加え、引力しかない（斥力が存在しない）という特徴がある。

⬇重力と電磁力の共通点と相違点

これら4種類の力については、①強い力と③弱い力、②電磁力と④重力の2グループに分けて考えると理解しやすいでしょう。

前者は、ともに原子核の内部にしか存在しない力で、直接観測することはできません。日常的な感覚からは、いかにも馴染みの薄い存在です。

一方の後者には、ともに力の及ぶ範囲が無限大であるという共通項があります。電磁力に関しては摩擦による静電気や磁石等で、また重力については物の重さや落下現象などを通じて、日常的にも体感しやすい存在です。歴史的に長く知られてきたのも当然といえるでしょう。

しかし、重力と電磁力には、二つの大きな違いがあります。

一つは、力の強弱が桁違いに異なることです。なにしろ、電磁力は重力に比して、10^{38}倍も強いのです。これも日常的に理解しやすいことで、たとえばテーブルの上にあるクリップを、上方から近づけた磁石で接触させることなしに浮かび上がらせることが可能なのも、地球の質量がクリップを引きつける重力よりも、磁石のもつ磁力（電磁力）のほうがはるかに強いことを示しています。

そして、もう一つの違いこそ、ここでのテーマ「弱すぎる重力がなぜ、宇宙の構造を築き上げる中心的ポジションを占めるにいたったのか？」にとって、より重要な相違点です。

それは、電磁力には「引力」と「斥力（反発力）」の2種類があるのに対し、重力には「引力」しかないということです。

電磁力の源である電荷にはプラスとマイナスの符号の違いがありますが、宇宙全体で見れば、プラス電荷の量とマイナス電荷の量は等しくなっています。宇宙的規模でいえば、プラスとマイナスが相殺されて正味の電荷はゼロになっているということです。

すなわち、大局的に宇宙全体をとらえると、そこには事実上「電磁場は存在していない」と考えることができます。

一方、重力の源である「重力質量」には、プラスの値しか存在しません。物理学の長い探究の歴史において、〝マイナスの質量〟が観測されたことなどありませんし、謎めいた存在であるダークマターにも、マイナスの質量があるという兆候はまったく見出されていません。

マイナスの質量が存在しない以上、重力には電荷のように「プラスとマイナスで相殺する」などという事態は起こりようがなく、大局的に宇宙を見ると「宇宙全体に作用している力は重力である」ということになります。

宇宙が「重力によって牛耳られている」所以です。

4次元時空は「何に対して」曲がるのか

図6-1の右端にある「どこに現れるか」という欄に、重力は「宇宙規模で顕著に現れる。地球や太陽系、銀河、宇宙全体にはたらく」と書かれているのも、「宇宙全体に作用している力は重力である」という事実に基づいています。他の3種類の力がはたらくスケールでは存在感を欠く「弱い重力」も、舞台が宇宙スケールになれば表情を一変し、「強い重力」としてスポットライトを正面から浴びることになります。

そして、「強い重力」がはたらく宇宙的規模における重力のふるまいを明らかにするのが、アインシュタインの「一般相対性理論」です。

第5章でも触れたように、一般相対性理論の本質は「重力を時空の曲がりに置き換える」ことにあります。ここで時空とは、3次元空間と時間を一体不可分のものとしてとらえる「4次元時空」のことでした。つまり、時間も空間も同時に曲がるということです。

それでは、4次元時空は「何に対して」曲がるのでしょうか。

空間は「重力質量」に対して曲がります。質量は、自らの存在する空間に「重力場」を作り出し、重力場が存在する空間は曲がっています。ただし、重力場自身は物質ではないので、空間に重力場が存在していてもその空間は真空です。したがって、曲がるのは真空ということになります！　本書では以降、特に断り書きのないかぎり、質量はすべて「重力質量」を意味することにし、空間はすべて「真空空間（完全真空）」を示すことにします。

真空空間が曲がるなどということは、とても実感できることではありません。実感できないからこそ、空間の曲がりは数学を使って表現する以外にまったく手立てがないのです。そして、それをやってのけてくれたのが、アインシュタインの一般相対性理論ということになります。

時間は「重力場の強さ」に対して曲がっています。重力場の強さは、空間の曲がりの程度（どのくらい曲げられたか）が大きいほど強く、曲がりの程度が小さいほど弱くなります。そして、巨大な質量をもつ天体の周囲は空間の曲がりが大きくなっています。すなわち、重力場の強さは、時空の曲がりの程度が大きいほど強くなります。

重力場は結局、「時空の曲がり」で表されることになります。「重力を時空の曲がりに置き換える」とはそういう意味なのです。そして、一般相対性理論を表す「重力場の方程式」においては、時空を曲げる要因として「質量、エネルギー、運動量」を考えます（運動量は「質量と速度の積」で示され、質量を含んでいるために「時空を曲げる」要因となるのです）。

先ほど、図6-1を説明するにあたって、4種類の力は「相互作用を引き起こす要因」であるとお話ししました。重力が引き起こす相互作用が「重力相互作用」です。

一般相対性理論における重力相互作用は、「質量、エネルギー、運動量」によって生じた「4

次元時空の曲がり」が、他の「質量、エネルギー、運動量」に与える影響のことをいいます。

本章では、「アインシュタイン方程式」ともよばれる重力場の方程式について、重要なポイントを押さえながら、可能なかぎり嚙み砕いて説明していきます。これまでの章に比べていくぶん〝式〟の登場頻度が高まりますがご心配なく！　面倒な計算や操作は陰で筆者がおこない、読者のみなさんにはその結果として現れるエッセンスだけをお目にかけます。馴染んでくれば顔つきのやさしい、シンプルな式ばかりですので、どうか食わず嫌いをせずにお付き合いください。

アインシュタインの第二の式

アインシュタイン方程式＝重力場の方程式を理解するための第一歩として、まずはアインシュタインが見出した驚きの現象から見ていくことにしましょう。

なんと、走る速度によって、物質の質量が変化するというのです！　そして、この摩訶不思議な現象は、光子と他の粒子との決定的な違いをも明らかにしてくれます。いったいどういうことなのでしょうか？

本書ではここまで、「慣性質量」や「重力質量」が登場しましたが、どちらの質量も同じであることから（弱い等価原理）、要するに質量とは「物質の量」であるということになります。「走

式6-1

$$E^2=(pc)^2+(m_0c^2)^2$$

式6-2

$$p=\left[\frac{1}{\sqrt{1-(v/c)^2}}\right]m_0v$$

m_0は粒子の静止質量
vは粒子の速度
cは光速度を表す

る速度によって物質の質量が変化する」とは、たとえば、ある粒子がある速度で走っていて、その速度がだんだん大きくなっていくと、その粒子のもつ「物質の量」が増えていくということを意味しています。にわかには信じがたい現象ですね。

　アインシュタインの手になる最も有名な式は$E=mc^2$ですが、重要性でいえばこれとほぼ同等の、もう一つのアインシュタインの式があります。それは、エネルギーEが2乗されている、運動量pの入った式6－1です。

　式6－1の右辺の第2項には、m_0c^2という、どこかで見たような記号が含まれています。そうです、質量とc^2との積ですから、$E=mc^2$の右辺とそっくりですね。m_0は「静止質量」で、m_0c^2は粒子が静止しているときの「静止エネルギー」を表しています。もう少し正確にいえば、「静止している粒子がすべてエネルギーに変換されたら、どのくらいの量のエネルギーになりうるか」を表しており、たとえば原子爆弾のエネ

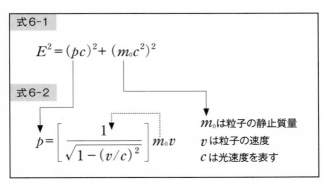

ルギー計算等にも使われています。

「相対論的質量」とはなにか

式6-2には、式6-1右辺の第1項に含まれている運動量pが示されています。［ ］にくくられる形で少しいかつい数式が顔を出していますが、心配は要りません。

式中のvは粒子の速度を示していますが、粒子の速度が光速度cに近づくと（たとえば光速度の20%など）、ニュートン力学による粒子の運動量m_0vが実測値からズレてしまうことがわかっています。光速度cよりも桁外れに小さい場合には［ ］内を完全に無視したm_0vが粒子の運動量となるのですが、速度が大きくなると［ ］内にある式が要求されるのです。

式6-3

$$p=\left[\frac{m_0}{\sqrt{1-(v/c)^2}}\right]v$$

ところで式6-2の［ ］の右側にある静止質量m_0を［ ］の中に入れてしまうと（式6-2中には、その操作を点線の矢印で示しています）、式6-3になります。

式6-3の［ ］内には2乗されているv／cがあり、vもcも速度の単位をもっていることから、（ ）内の分母と分子で単位がキャンセルされて無単位になります。すなわち、式6-3

の［　］内の分母は単位のない単なる数値ということになります。

一方、［　］内の分子には静止質量m_0があるため、［　］全体としては質量の単位をもち、これがm「質量」であることを表しています。質量であるならば、あえていかつい顔を見つづける必要はないので、単にmと表すことにしましょう（式6-4）。

式6-4

$$m=\left[\frac{m_0}{\sqrt{1-(v/c)^2}}\right]$$

ここに粒子の速度vが入っている

式6-4に示された質量mは、粒子が速度vで走っているときの、その粒子の質量ということになります。速度vによって質量が変化することは、式6-4右辺の［　］内の分母にvが入っていることが示しています。

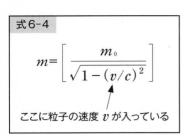

そして、式6-4に示された質量mのように、粒子の速度に依存して変化する質量は「相対論的質量」とよばれ、静止質量とは明確に区別されます。前述のとおり、一般に「粒子の質量」という場合には、静止質量を意味します。なぜなら、相対論的質量は式6-4にしたがって速度に依存するため、速度を指定しないかぎりその値が確定しないからです。

また、これも重要なことですが、静止質量はつねに一定の値をもち、相対論的質量のように変化はしません。粒子の速度が増すにつれて、その粒子の相対論的質量はどんどん増えていく（どんどん重くなる）のですが、静止質量は一定のままなのです。なぜでしょうか。

粒子が速度を増す、すなわち加速するためには、外部からその粒子にエネルギーを加えつづけなければいけません。加わったエネルギーが$E=mc^2$を介して質量に変化し、その質量が加わることで相対論的質量が増えていくのです。運動する粒子の質量は、静止質量m_0から始まって、これに加速による追加の質量がプラスされることで、相対論的質量が増えていくというからくりになっています。

「0÷0」の物理学的意味

ところで、$E=mc^2$のmに相対論的質量mを代入すると、式6-5に示す「相対論的エネルギーE」の式が得られます。この式6-5には、重大な事実が隠されています。……重大？

静止質量m_0がゼロに限りなく近づき（$m_0 \to 0$）、それと同時に粒子の速度vが光速度c（秒速30万km）に限りなく近づいたら（$v \to c$）、相対論的エネルギーEはどんな値になるでしょうか？

面倒な計算はお任せください。上記の操作をすると、式6-5右辺の［ ］の中は、なんと0／0になります。0を0で割る？ ご存じのとおり、数学的には御法度《ごはっと》ですね。

物理学的にも、0／0は御法度です。物理学的には、0／0の分母も分子も決してぴったりゼ

式6-5

$$E=\underbrace{\left[\frac{m_0}{\sqrt{1-(v/c)^2}}\right]}_{m}c^2 \quad\longrightarrow\quad E=mc^2$$

速度 v (m/s) で走っている粒子の相対論的エネルギー E は、粒子の速度 v に依存する

ロにはなりません。限りなくゼロに近づけていっても0／0にはならず、ある有限の値に近づきます。これが微分というもので、なめらかに変化する曲線上の各点における微分値は決して0／0にはならず、有限値になるのです！

式6－5左辺のEは、粒子の相対論的エネルギーを表しています。したがって、この式の右辺全体は、なんらかのエネルギーの値に近づきます。いったいどんな値に？

静止質量m_0が限りなくゼロに近づき（$m_0 \to 0$）、それと同時に粒子の速度vが光速度cに限りなく近づくと（$v \to c$）、「静止質量がゼロで、走る速度が光速度に等しい粒子」、すなわち光子のエネルギーとなります。光子1個のエネルギーは$E=hf$でした（138ページ参照）。

アインシュタインだけが発想できたこと

さて式6－3の［　］内は式6－4で示したように、相対論的質量を表しています。そこで、式6－3は式6－6のように書き直すこと

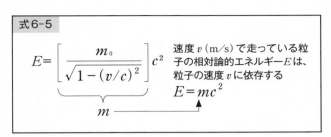

式6-6

$$p=mv$$

式6-7

$$p=m_0v$$

ができます。質量と速度の積で表されるこの形は、高校物理で習う運動量の式になっています。あらためて強調しておきますが、式6－6中のmは相対論的質量であり、したがって式6－6で示される運動量pは「相対論的運動量」となります。

一方、アインシュタインが相対性理論を発表し、相対論的質量を見出すまでの一般的な粒子の運動量は、式6－7で示されていました。なにしろ相対論的質量など知られる前のことなので、式6－7に現れている質量は当然、静止質量（m_0）です。

物理学史にアインシュタインが登場するまで、おそらくはただの一人も、質量が速度によって変化するなどとは考えてもいなかったことでしょう。物体の質量は何がなんでも一定であり、速度にも他のどんな物理量にも関係なく不変で、その値はすなわち静止質量であると固く信じていたに違いありません。

ところが、アインシュタインによる、文字どおりの常識破りの発想によって、事態は一変してしまったのです。相対性理論のインパクトは、それほどまでに強烈なものでした。

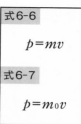

⬇とても重要な式！

ここで一つ、とても重要な式をご紹介せねばなりません。

式6－1と式6－3をうまく組み合わせて代数計算をおこなうと（退屈でつまらない計算なので筆者にお任せあれ！）、式6－8を得ることができます（とても重要な式なので、「とても重要な式」と入れてあります）。

とても重要な式6-8

$$\frac{v}{c} = \sqrt{1-\left(\frac{m_0c^2}{E}\right)^2}$$

このEは何？（Eを指す矢印）

式6－8中に矢印で示されたEはなんでしょうか？　式6－5で登場した相対論的エネルギーEです。他方、式6－8の左辺は二つの速度vとcの比、すなわち「粒子の速度／光速度」ですから、右辺全体の値（数値）もv／cと同じ数値になるはずです。

右辺のルート記号中の第2項に粒子の静止質量m_0が含まれていることに注目してください。もし、粒子の静止質量がゼロであったらどうなるでしょうか。このルート記号中の第2項全体がゼロになってしまいますから、右辺は$\sqrt{1}$を経て、1になります。結局、式6－8はv／c＝1となり、すなわち、v＝cになります。

あらためて確認しましょう。

式6-8において、もし粒子の静止質量がゼロだった場合――つまり、粒子がもともと質量をもっていない場合には、その粒子の速度 v は光速度 c に等しくなるということを意味しています。

先ほど、式6-5を用いて、「静止質量がゼロで、走る速度が光速度に等しい粒子」として光子が登場しました。光子の静止質量は正確にゼロであり、このことがとても重要な式6-8の〝正しさ〟を保証しています。

光子にかぎらず、静止質量がゼロである粒子はすべて、式6-8によって光速度で走ります。言い換えると、もともと質量をもっていない粒子（静止質量ゼロ）の速度は、必ず光速度であるということです。

第5章で、ビッグバン発生当時の宇宙では、あらゆる種類の素粒子が無質量のまま、光速度 c の速さで走り回っていたことをご紹介しました。特殊相対性理論によれば、質量をもたない粒子は必ず光速度で走らなければならないのだ、とも。その理由を示すのが、式6-8なのです。

そして、質量をもたない粒子が走る光速度 c こそ、この宇宙の速度の上限値です。光速度 c より速く走ることは、どのような粒子にも許されません。

式6-8がとても重要である理由がおわかりいただけたことと思います。

相対論的運動エネルギーの近似値

さて、物体が運動しているかぎり、その物体は「運動エネルギー」というエネルギーを保持します。

質量m（kg）の粒子が速度v（m／s）で走っているとき、その粒子の運動エネルギーは式6－9の①に示す「ニュートン力学による運動エネルギー」として与えられます。ニュートン力学に登場する質量はつねに静止質量なので、式中の質量はm_0と記されています。

ここでふたたび、式6－8中に矢印で示されたEに注目してみましょう。このEは、粒子が速度vで動いているときの「相対論的エネルギー」でした。

前述のとおり、静止質量はつねに一定の値を維持しており、走っている最中も静止エネルギーm_0c^2を維持しています。外部からエネルギーを受けて速度を増している粒子の質量は、加えられたエネルギーが$E=mc^2$によって質量に変化し、その質量が加わることで相対論的質量が増えていくのでした。

同様に、粒子の相対論的エネルギーもどんどん増加していきます。つまり、静止エネルギーm_0c^2から始まって、やはり$E=mc^2$にしたがってエネルギーが増加していくのです。外部から連続的にエネルギーが加えられているのですから、エネルギーが増加していくのは当たり前のことです

式6-9

① $\frac{1}{2}m_0v^2$ ➡ アインシュタインの相対性理論が出現するずっと以前から知られていた「ニュートン力学による運動エネルギー」（数学的証明あり）

② $mc^2-m_0c^2$ ➡ 「相対論的運動エネルギー」
走っている粒子のエネルギーから静止エネルギーを差し引いたもの。しかし、なぜこれが運動エネルギーを表すのか？その理由は、この"エネルギー差"に、粒子の速度を光速度よりも桁違いに小さくするという条件をつけると、この"エネルギー差"が古典力学（ニュートン力学）による運動エネルギー

$$\frac{1}{2}m_0v^2 \quad (v \ll c \text{という条件})$$

に限りなく近づくためで、このことが運動エネルギーであるという証になる

つまり、粒子の速度vが光速度cよりも桁外れに小さい場合には、

③ $mc^2-m_0c^2 \approx \frac{1}{2}m_0v^2$ （$v \ll c$において） となる

が、速度の増加によるエネルギーの増加分は、式6－9の②に記されている「相対論的運動エネルギー」として与えられます。

式6－9①に示された「ニュートン力学による運動エネルギー」とはずいぶん雰囲気が違いますが、粒子の速度vが光速度よりはるかに小さい場合には、相対論的運動エネルギーを示す式6－9②の式は、近似的にニュー

式6-10

$$E = [\text{静止エネルギー}(m_0c^2)] + [\text{運動エネルギー}]$$

トン力学の運動エネルギーと同じになります（式6－9の③参照）。

相対論的運動エネルギーは、式6－9②に示された形からもわかるように、エネルギーの増加分です。そして、走っていない粒子にも、静止質量に基づく静止エネルギーm_0c^2がつねに維持されていることから、相対論的全エネルギーEは式6－10として表されることになります。

この式の右辺第2項にある運動エネルギーは、もちろん相対論的運動エネルギーです。なぜなら、式6－9②に示した相対論的運動エネルギーを式6－10の右辺の運動エネルギーに置き換えると、静止エネルギーm_0c^2が消え去り、右辺には相対論的エネルギーmc^2だけが生き残って、$E=mc^2$となるからです。

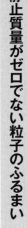

⬇静止質量がゼロでない粒子のふるまい

とても重要な式6－8に再度、戻りましょう。

こんどは、静止質量がゼロでない粒子の場合を考えます。光子のような質量ゼロの粒子だけが唯一、この宇宙の上限速度である光速度で走るということは、もともと質量をもっている粒子の最高速度は、必ず光速度未満でなくてはならない

式6-11

$$\left(\frac{m_0c^2}{E}\right)^2=\left[\frac{静止エネルギー(m_0c^2)}{静止エネルギー(m_0c^2)+運動エネルギー}\right]^2$$

はずです。式6-8は、そのことを知っているでしょうか？

式6-8で静止質量がゼロでなかったら、右辺のルート記号内の第2項にある静止質量m_0がゼロではなくなり、第2項はそのまま残ります。

左辺が必ずプラスの値になるので（速度／光速度で、分子も分母もプラスの値であるため）、右辺もプラスの値にならなければいけません。そして、右辺のルート記号内の最初の項は1なので、第2項は1より小さくなければならない、ということになります。

そこで、ルート記号内の第2項を（　）内に注目してじっくり調べてみることにしましょう。

（　）の中の分子は、先ほども登場した静止エネルギーm_0c^2です。一方、（　）の中の分母にあるEは、式6-5で示された相対論的エネルギーです。

ここで示そうとしているのは、静止質量がゼロでない粒子、つまりもともと質量をもっている粒子の最高速度は光速度未満でなくてはならないということでした。そのカギは式6-10が握っています。式6-10を、式6-8のルート記号内の第2項に適用すると、式6-11になります。

先の条件から、式6-11の右辺の［　］の中がプラスの値にならなければ

式6-12

$$0 < \frac{v}{c} < 1 \quad (v < c\text{と同じ})$$

ならず、かつ1より小さくなければならないので、右辺の分母は分子よりも大きいことになります。1より小さい値が2乗されることを示しているのが式6-11の右辺なので、粒子のエネルギーのいかんにかかわらず、式6-11の右辺は必ず1より小さい数になります。

この「必ず1より小さい数」を式6-11の左辺をふまえて、式6-8のルート記号内の第2項に戻すと、左辺v/cも「1より小さい正数」となり、式6-12が得られます。

式6-12から$v<c$なので、明らかに粒子の速度が光速度より小さいことを意味しています。すなわち、静止質量がゼロではない粒子は必ず光速度未満でしか走れないということです。

逆に、光速度未満で走る粒子の静止質量は絶対にゼロではないことも示しています。式6-8はやはり、粒子と速度、質量の関係をよ～く知っていました。

⬇重力場に反応する光子

前項までの議論をまとめておきます。

①光速度（真空中で秒速30万㎞）で走るすべての粒子の静止質量は、必ずゼロである（質量をもっていない！）。そのような粒子の典型例が「光子」。
②真空中で光速度未満で走るすべての粒子の静止質量はゼロではない（必ず質量をもっている）。
①に該当する粒子の典型例が光子ですが、実際に、質量ゼロの粒子で最も数が多いのが光子です。一方、②の静止質量がゼロではない粒子における最大勢力は「ニュートリノ」です。
光速度（真空中で秒速30万㎞）に関して、一つ付言しておきます。速度というものには本来、「何に対してか」という基準となるものさしが必要です。たとえば電車や車が時速50㎞で走るという場合には通常、「地面（地球）に対して」の速度を指しています。しかし、もし時速50㎞で2台の車が並んで走っている場合には、窓越しに見る隣の車は止まって見えますね。「並走する車に対して」の速度が相対的にゼロになるからです。

ところが、光速度に限ってはさにあらず、なのです。光速度 c = 秒速30万㎞というとき、「何に対しても」秒速30万㎞なのです。かなり不思議なことではありますが、真空中における光はどんなものさし（基準）から見ても秒速30万㎞で走っているのです。

繰り返しになりますが、光（光子）は質量をもっていません（質量ゼロ！）。質量ゼロで、真空中では何に対しても秒速30万㎞で走る光子は、加速も減速もできない存在です。

興味深いことに、質量をもっていないにもかかわらず、光（光子）は重力場に反応します。その理由は、光子がエネルギーをもっているからです。

すでに何度か触れているように、光子1個がもつエネルギーは$E=hf$で表されます。$E=mc^2$によれば、どんなエネルギーも質量と等価なので、hfのエネルギーをもつ光子は、あたかも質量をもつ粒子のようにふるまって、重力場と作用します。重力場における光は、空間の曲がりに沿って測地線の上を直進します（179ページ以下参照）。

「場」とはなにか

ここで重力場という言葉にふたたび出会いましたので、「場」とはなにかということについて、あらためて考えてみることにしましょう。

ある一つの物体（粒子）からもう一つの物体（粒子）に空間（真空）を通してなんらかの力が伝達する（相互作用する）とき、その空間には「場」が存在しているといいます。例として電磁場を考えてみましょう。

距離を隔てた二つの荷電粒子（たとえば二つの電子）が電磁気力によって相互作用をするとき、この空間には「電磁場」が生まれます。電磁場が振動すると、その振動は波になって真空中を光速度で伝播します。そのような波が電磁波（光）です（図6-2）。第4章でもみたよう

図6-2

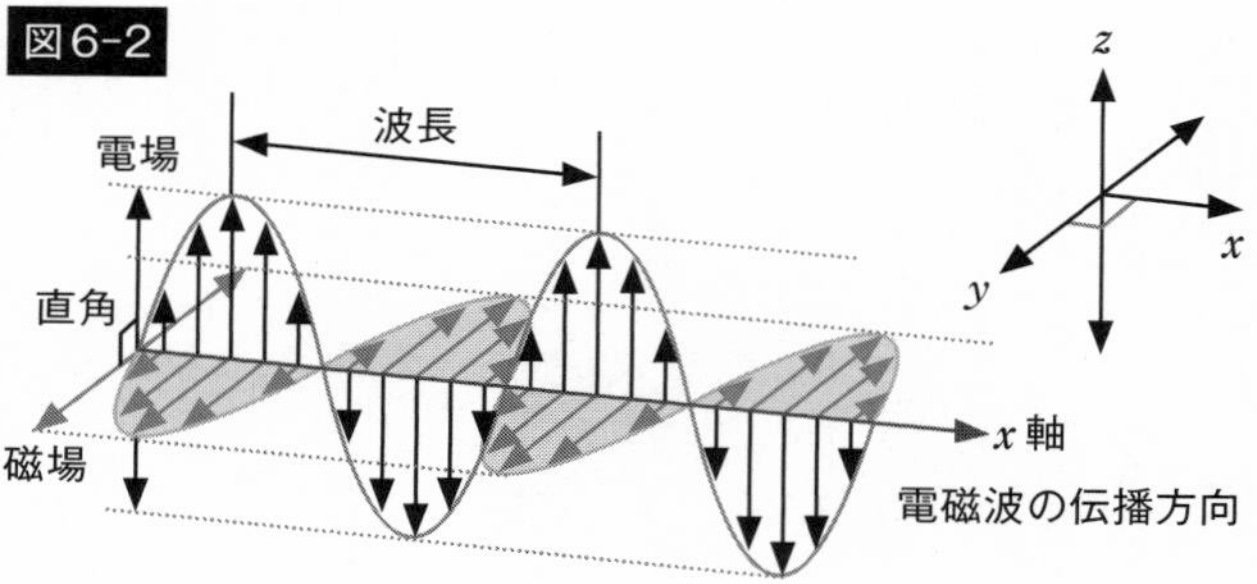

上下の矢の長さの変化は電場の振動。電場の振動に対して、直角方向（左右）に振動する矢の長さの変化は磁場の振動。
電磁波は上下左右に振動しながら光速度cでx軸方向に真空中を伝播していく

に、電磁波が量子化されると光子（粒子）になるため、電磁波は光子の集団と考えることもできるのでした。

電磁波を伝える媒質は真空ですが、重力もまた、真空を通して伝わります。重力が伝わる真空には、重力場が存在していることになります。重力場がどのようなものであるかを体感していただくために、簡単な実験をしてみましょう。

式6－13にニュートンの万有引力の法則を再掲します。式6－13で、m_2の質量に1kgを選びます。「1」を選ぶことでm_2を数値的に固定することができ、以降の話がわかりやすくなります。ここでは1kgを「単位質量」とよぶことにしましょう。$m_2=1$とすると、式6－13は式6－14に形を変えます。

式6－14は、質量m_1（kg）の物体と、質量1kgの単位質量のあいだにはたらく力を表します。ここで生じる力は、質量 m_1（kg）が、そこから r（m）離れた場所にある単位質量1kgにはたらく重力とみなされます。そして、質量 m_1（kg）から r（m）離れた場所を点と考えると、式6－14で表される重力は、m_1（kg）によって作り出された、単位質量1kgの置かれた点における「重力場」を表しています。

m_1といちいち添え字をつけるのも面倒ですので、以降は単に m としましょう。すると式6－14は式6－15に形を変えます。

式6-13

$$F = G\frac{m_1 m_2}{r^2}$$

式6-14

$$F = G\frac{m_1}{r^2}$$

式6-15

$$F = G\frac{m}{r^2}$$

なお、式6－13〜15に登場する質量は、すべて「点状」の質量を表しています。第2章（64ページ参照）でも述べたとおり、点状であれば両質量間の距離を容易に測定することができ、各式の右辺の分母にある距離 r を明確に数値化することが可能になるからです。以降も、特に断り書きのないかぎり、（それが1万kgであろうと0・0001kgであろうと）質量はすべて「点状質量」を意味します。数学的には点の体積はゼロであり、物理学の教科書では点状質量は「質点」とよばれています。

ちなみに、「1万kgであろうと」というのは決して誇張ではなく、もっと巨大な質量であっても事情は変わりません。たとえば、ある一つの銀河と別のもう一つの銀河とが重力相互作用する場合に、もしこれら二つの銀河の間隔が無限大に近いような巨大な距離であれば、両銀河の質量は事実上、点状質量であると見なすことができます。

➡重力場を可視化する「テスト質量」

式6-15に示された関係を図示すると、図6-3のようになります。質量m（kg）は、空間内のある一点に固定された点状の粒子と考え、同じく点状の単位質量1kgは自由に動かせるものとします。以降はこの単位質量を、重力場の性質を調べるための「テスト質量」とよぶことにします。

物理学では、「質量m（kg）からr（m）離れた点に置かれているテスト質量1kgにはたらく重力」のことを、その点における「重力場の強さを表す」と表現します。繰り返しますが、この重力場は質量m（kg）がそこからr（m）離れた点にもたらした重力場の強さであり、その強さは式6-15によって表されます。したがって、この重力場を生じせしめた要因はあくまでも質量m（kg）であり、それ以外の要因はありません。

テスト質量1kgは自由に動かすことができますが、空間のどの点に置かれたとしても、その点

図6-3

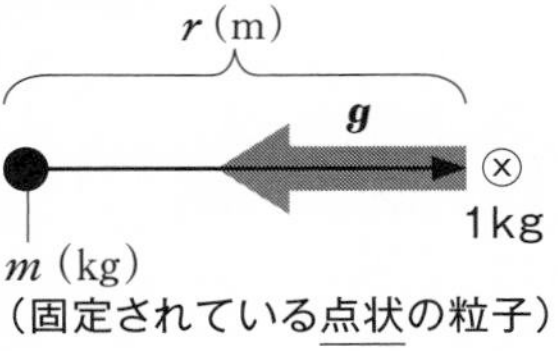

観測点⊗の1kgは自由にその位置を変えることができる。この1kgは、空間の各点の重力場の強さとその方向を決めるために使用されるので、「テスト質量」とよばれる。太い矢印$\boldsymbol{g}$の方向は観測点における重力場の方向を示す

における式6－15で表される重力がはたらきます。ただし、テスト質量1kgに作用する「力の方向」（図6－3中の太い矢印）は、テスト質量の位置が移動するたびに変化します。テスト質量1kgが置かれている点において、その1kgに作用する力（重力）がその点の「重力場」となるわけですから、固定されている質量m（kg）の周囲の空間は、「重力場で満たされている」ことになります。

テスト質量1kgはどこにでも置くことができるので、その位置を変えるたびに、当然ながら質量m（kg）からの距離r（m）も変化します。質量m（kg）によってもたらされる重力場は、式6－15右辺の分母にr（m）が含まれていることからもわかるとおり、質量m（kg）からの距離が長くなると（遠ざかると）テスト質量1kgに作用する重力、すなわち重力場は弱くなり、逆に距離が短くなると（近づくと）テスト質量1kgに作用する重力、すなわち重力場は強くなります。

しかも、式6－15右辺の分母にあるrは2乗されているので、距離の増減に対する重力（重力場）の変化の程度はより大きくなります。第2章でも登場した「逆2乗の法則」が、ここでも効いています。

すなわち、空間内のある一点に固定された質量m(kg)が作り出す重力場は、空間の場所ごとに異なります。図6－3では平面的に描かれていますが、このような状態が3次元的に広がっています。3次元空間に広がる重力場を想像してみてください。

場の「強弱」と「方向」

さて、図6－3を基本としながら、テスト質量を空間内のさまざまな場所に動かしてみたことで、重力場には二つの性質があることがわかりました。一つは、重力場が場所ごとに異なる「強弱」をもつこと。もう一つは、やはり場所ごとに異なる「方向」をもっていることです。

この重力場がもつ「方向」について、もう少し詳しく考えてみましょう。図6－3中に太い矢印で示された重力場の方向は、テスト質量から質量m(kg)に向かっています。これは、テスト質量の位置をどう変えても同様で、矢印は必ず質量m(kg)の方向を指します。その理由は、重力がつねに引力だからです。

第1章で、質量と重さの違いについて説明した際、質量が「単なる量」であるのに対し、重さは「ベクトル量」であると指摘しました。ベクトル量とは、方向をもつ量のことです。したがって、やはり方向をもつ重力場もまた、ベクトル量です。質量m(kg)が置かれた空間内における、あらゆる点の重力場は、固定された質量 m の方向に逆放射状に向かいます（点状質量 m が作り出す重力場＝方向をもつベクトル量は、点状質量 m から放射状に広がります。質量 m が点状であるからこそ、重力場は放射状に広がるのです）。

ということは、自由に動かせるテスト質量を、質量 m の周囲に広がる空間全域にわたって動かし、その各点におけるテスト質量に質量 m が及ぼす力（式6－15の F、すなわち重力）の強さとその方向を計算すれば、質量 m がその周囲の全空間に作り出した重力場の〝全貌〟を知ることができます（重力場は、それを作り出す質量からどれほど離れているかに依存し、空間内の場所ごとにその強さが異なるということをくれぐれもお忘れなく！）。

➡温度計のない部屋の温度とは？

「場」というものは、きわめて抽象的な「物理量」なので、まだピンとこないという方もいらっしゃるかもしれません。どんなタイプの「力」であっても、その力が伝達される空間には必ず場が存在しますので、身近な例でもう少し考えてみましょう。

たとえば、磁石の周囲の空間に鉄製の小さなクリップを置くと、クリップはその空間を通して磁石に引きつけられます。クリップを磁石の周囲の空間に置きさえすれば、右でも左でも場所を問わずに、同様の現象が起こります。これは、磁石がその周囲の空間のすべての領域に「磁場」を作り出しているからです。クリップは、この磁場に反応する（相互作用する）ことで、磁力を受けます。

あるいは、密閉された部屋の内部で、たくさんの温度計を高さを変えながら天井から吊り下げて、室内の空気の温度分布を測ることを考えてみましょう。室内の温度分布は、ある一定時間（たとえば24時間）まったく変わらないものとします。

各温度計は位置も高さも異なるので、室内のそれぞれ異なる点の温度を記録することができます。それら温度計に示された温度がどれも同じ値であることはまずありえず、たとえば天井付近の温度はやや高く、床に近い点の温度は低いといった濃淡があるはずです。すなわち、記録された温度は、室内の各点における空気の温度分布を示すことになります。

そのとき、すべての温度計をいっせいに取り外したら、何が起こるでしょうか？（温度計を除去する際の空気の動きによる変動を無視すると）先ほど測定したばかりの温度分布は、依然として室内に存在しており、何の変化も生じていません。温度計の有無に関係なく、室内には温度が存在しているからです。ここでの温度分布は、先ほどテスト質量を動かして確認した重力場のイメージに近く、いわば〝温度場〟を可視化したものといえるでしょう。

「場」のイメージが鮮明になってきたでしょうか。

重力場は重力場でできている

ところで、前項の〝温度場〟の話は、単なる喩《たと》え話《ばなし》ではありません。じつは重力場でも、まったく同じことがいえるのです。

もう一度、図6-3をご覧ください。質量m（kg）が置かれている空間内にテスト質量1kgを置くことにより、このテスト質量に作用する重力場を知ることができるのでした。テスト質量をどこに動かしても、同様にその点における重力場を確認することができるので、結局、質量mの周囲のすべての空間は重力場で埋め尽くされていることになります。

そこで、先ほど温度計を取り外したように、質量mの置かれた空間からテスト質量を取り外してみましょう。温度計の有無に関係なく温度分布が存在しつづけたように、テスト質量の有無に関係なく質量mの周囲の全空間に生じた重力場も存在しつづけます。

ここまできたら、もはや質量mを固定する必要さえもありません。固定されていようといまいと、質量mは式6-15にしたがって、その周囲の全空間に重力場をもたらすからです。そして、重力場が存在していても、真空空間は依然として真空のままです。重力場は原子や電子、すなわち物質からできているのではありません。重力場の質量は正確にゼロであり、重力場は重力場でできているのです。

無限の彼方まで及ぶ重力相互作用

この宇宙に存在するすべての物体は、例外なく質量をもっています。したがって、物体を重力場の存在する空間に置くと、その物体の質量は必ず重力場と相互作用を起こします。その結果、その物体には重力が作用し、重力場の方向に動き出します（加速される）。

これは、動き出した物体のもつ質量と、空間に重力場を作り出しているもう一つの質量との相互作用です。あらゆる質量は、すでに空間に存在している重力場と必ず相互作用して、重力という「力」を受けます。重力を受ける相互作用なので、重力相互作用とよんでいます。

そして、重力相互作用は無限の彼方まで及びます。もう一度、式6-15をご覧ください。右辺の分母にr^2があります。このrは、重力場を作り出す質量m（式6-15右辺の分子）から重力場を観測しようとする点までの距離を表しています。その距離が2乗されていることで逆2乗の法則がはたらき、距離が長くなるほど重力場は弱くなっていきます。

重力場の観測地点を徐々に遠ざけ、やがてその距離が無限大になると、その点（「無限遠点」とよびます）での重力場はゼロになります。たった一つの質量mが空間にもたらす重力場は、mからの距離が離れるほど弱くなってはいきますが、じつに無限遠点にまで及ぶのです！（無限遠点まで達して初めて、ゼロになるということです）

ところで、私たち人間が観測できる範囲内の宇宙、すなわち〝地球から見える宇宙〟には、いったいどれほどの銀河が存在しているでしょうか？　1個の銀河、たとえば私たちが属している天の川銀河の直径は約10万光年（秒速30万㎞の光が10万年かかって到達する距離！）です。人間が観測できる範囲内の宇宙には、天の川銀河と同じ規模の直径10万光年前後の銀河が2兆個ほどあると見積もられています。1個の銀河の直径が10万光年前後もあるくらいですから、各銀河に含まれている質量がいかに巨大であるかがわかります。

これら個々の銀河のもつ巨大な質量は、その銀河の内外の空間に重力場をもたらします。そして、その到達範囲は無限大です。すなわち、人間が観測できる範囲内の宇宙空間は、どこもかしこも重力場で満たされています。重力場のない空間は存在せず、空間（真空）はすべて重力場であるということになります。

➡ベクトル量としての重力場

さて、ここまでの議論は、ニュートンの万有引力の法則を再掲した式6－13からスタートしたために、式6－15までの左辺はすべてFになっていました。

しかし、物理学では、重力場にはFではなく$\boldsymbol{g}$（重力場「gravitational field」の頭文字）を使います。そこで、以降は式6－15の左辺を$\boldsymbol{g}$に置き換えた式6－16を基本として用いることにします。力一般を表すFを重力場に特定する$\boldsymbol{g}$に置き換えても、式の表す意味は変わりません。すなわち、$\boldsymbol{g}$は「質量m（kg）がそこからr（m）離れた点にもたらした重力場の強さ」を表しています。

注意が必要なのは、$\boldsymbol{g}$が太字になっていることです。第2章でもお話ししたとおり、太字表記はベクトル量を表しています。重力場は「方向」をもっていますので、たしかにベクトル量です。

問題は、左辺がベクトル量であるなら右辺もベクトル量でなければならないことです。そうでなければ、左辺イコール右辺が成立しないからです。

式6-16

$$\boldsymbol{g} = G\frac{m}{r^2}$$

そこで、右辺をベクトル量にするために、「単位ベクトル」というものを用います。式6－17をご覧ください。右辺の右端にちょこっとくっついている$\hat{\boldsymbol{r}}$が、ここでの単位ベクトルです。詳しい説明は省きますが、大きさ1で無単位の単位ベクトルを右辺につけることで、右辺もベクトル量をもつことになり、左辺イコール右辺が成立するのです。なお、単位ベクトル$\hat{\boldsymbol{r}}$の長さは1で、方向は観測点から見た質量m（kg）の方向です。

式6－17をふまえて、図6－3も描き直しておきましょう。図6－4をご覧ください。図6－3の観測点にはテスト質量が置かれていましたが、テスト質量の有無にかかわらず重力場は存在

式6－17

$$\boldsymbol{g} = G\frac{m}{r^2}\hat{\boldsymbol{r}}$$ ……… ニュートン力学に基づく重力場（ベクトル場）

図6－4

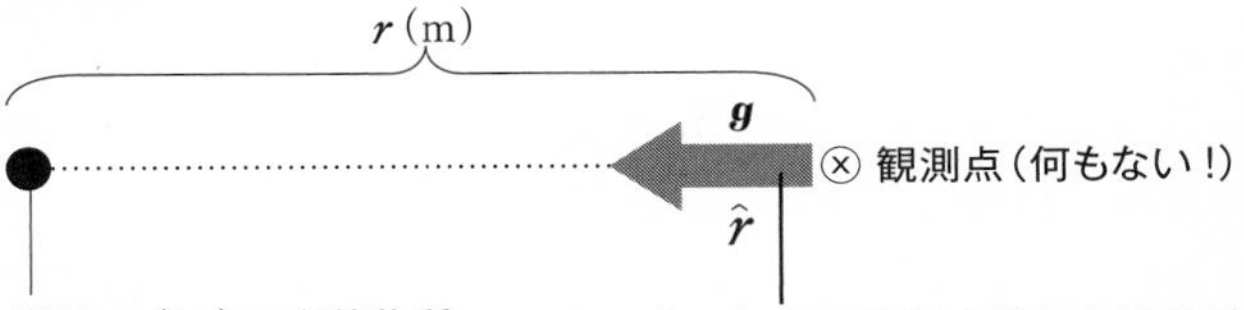
r（m）
g
ⓧ 観測点（何もない！）
r̂
質量m（kg）の点状物質
この太い矢印は観測点ⓧにおける重力場gを表す。方向は矢の方向で、この観測点における重力場の強さは矢の長さで表される。矢が長いほど重力場は強く、短いほど弱い

しているので、図6－4の観測点には何も置かれていません。

図6－4中には、質量m（kg）の点状物質からr（m）離れた点（観測点ⓧ）における重力場$\boldsymbol{g}$が、ⓧからmに向かう太い矢印で示されています。この矢の「長さ」はその観測点における重力場の「強さ」を表しています。すなわち、重力場$\boldsymbol{g}$は、質量mによってmからr（m）離れた点に作られた重力場です。

ここで、単位ベクトル$\hat{\boldsymbol{r}}$は、重力場$\boldsymbol{g}$と同じ方向を向いています。つまり、$\hat{\boldsymbol{r}}$は重力場を表すベクトル$\boldsymbol{g}$とまったく同様に、観測点ⓧから質量mの方向に向かうベクトル矢です。ただし、単位ベクトルは大きさ1で無単位なので、重力場の強さは、右辺に単位ベク

トルの入っていない式6－16（ただし左辺は$\boldsymbol{g}$ではなくg）で表されることになります（重力場の強さの計算に$\hat{\boldsymbol{r}}$は関与しない）。

そして、これも図6－3と同様に、図6－4の観測点ⓧはどこにでも自由に動かすことができます。観測点の位置を変えるたびに、$\boldsymbol{g}$や$\hat{\boldsymbol{r}}$の位置や向きが変化していきます。質量mの周囲にあるあらゆる点が観測点になりえ、そのことがすなわち、質量mの周囲のすべての空間が重力場になっていることを意味します。重力場$\boldsymbol{g}$が、質量mによって空間に作り出されたものであることを強く意識してください。

➡ 地球が作り出す重力場とは？

ここまでは抽象的な質量mが作り出す重力場について考えてきました。もう少し身近な質量、たとえば地球の質量が作り出す重力場について、具体的な数値を使ってその輪郭をとらえてみることにしましょう。

地球の質量を大文字のMで表すと、式6－17は式6－18になります。地球全体を点に置き換えて考えると、地球が周囲の空間に作り出す重力場は、図6－4に示された重力場$\boldsymbol{g}$と同じになります（第2章で説明したように、「質量密度が一定の完全な球体」は点状物質に置き換えること

式6-18

$$\boldsymbol{g} = G\frac{M}{r^2}\hat{\boldsymbol{r}}$$ ……▶ Mは巨大な地球の質量を示すが、大きさは点！

ができ、地球は、ほぼこの条件を満たしています。地球全体を点状物質に置き換えると、この点は質量をもっており、その質量は地球全体の質量を表します）。

ただし、実際の観測点ⓧは地球の外側の空間にあるので、式6－18の右辺の分母rは、地球の半径をRとし、地球表面から観測点ⓧまでの高さをhとすると$r=R+h$になります（図6－5）。

図中には、観測点ⓧとは異なるもう一つの観測点＝A点が描かれていますが、このA点に地球の質量が作り出す重力場$\boldsymbol{g}$を計算する際も、式6－18右辺の分母rは、地球の半径Rに地球表面からA点までの高さを加えた数値を用います。

地球表面から他のあらゆる観測点までの高さを一般にhで表すことにすると、式6－18右辺の分母rはつねに$R+h$になります。

ところで、式6－18中に含まれているGは第2章で登場した「重力定数」で、その値は$6.67430\times10^{-11}\mathrm{N}\cdot\mathrm{m}^2/\mathrm{kg}^2$です。地球の質量$M$は$5.972\times10^{24}\mathrm{kg}$、半径$R$は$6378\times10^3\mathrm{m}$なので、これらの数値を式6－18に代入すると、$9.8\hat{\boldsymbol{r}}$（$\mathrm{m}/\mathrm{s}^2$）という値が得られます。

図6-5 A点は地球の外側にあるもう一つの観測点（$r>R$）

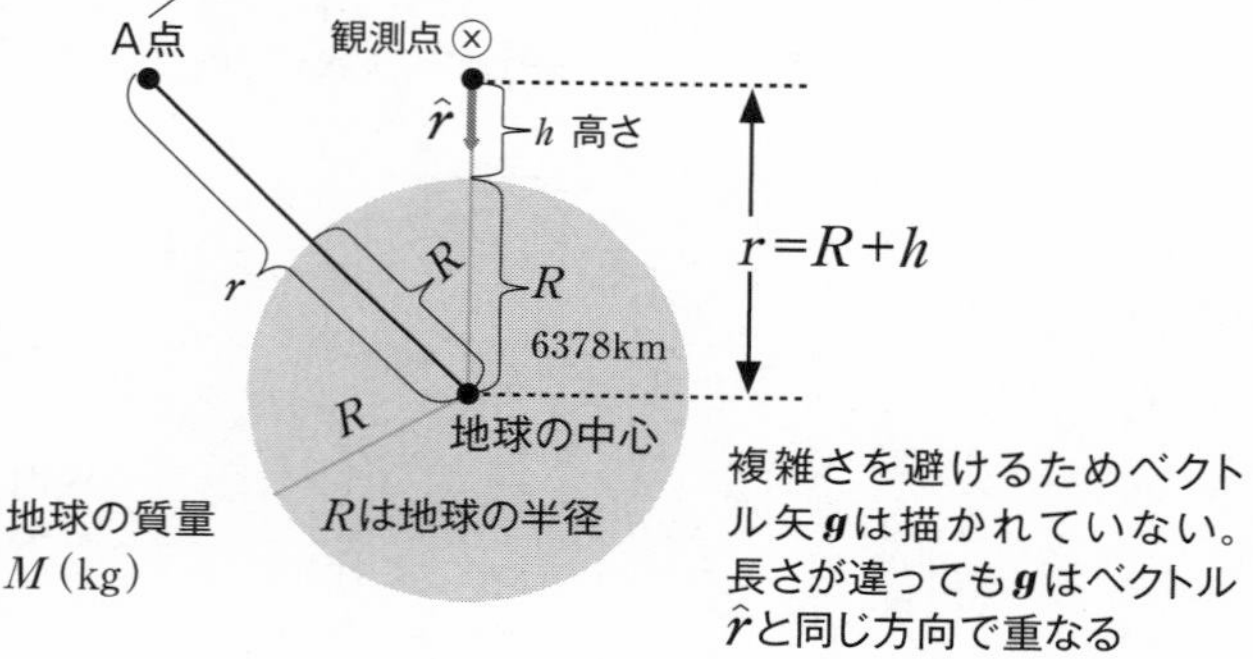

⬇「強い等価原理」現る！

39ページ図1-4に関して検討したように、地上1万m以下の地球表面から近い距離は、地球の半径を基準にすれば地表と同様と考えることができました。そのことをふまえると、地球の質量Mによって作り出された重力場$\boldsymbol{g}$は、地上1万m以下では事実上一定値となり、そのベクトル量は$\boldsymbol{g}=9.8\hat{\boldsymbol{r}}$（m/s²）となります（単位ベクトル$\hat{\boldsymbol{r}}$は、重力場$\boldsymbol{g}$の方向が地球中心に向かうことを示しています）。

「ちょっと待って！　9.8という数字はどこかで見たぞ」

そう気づかれた人は多いことでしょう。そうです、この9.8という数値は、第1章で登場した「地上で落下する物体の落下加速度（重力加速度）$\boldsymbol{g}$」とまったく同じです。ということはつまり、地球の質量によって地上空間に作り出された重力場 $\boldsymbol{g}$ は、重力加速度 $\boldsymbol{g}$ と同じということなのでしょうか？

そのとおり、まったく同じなのです。$\boldsymbol{g}$ は重力場を表すと同時に、物体が落下するときの重力による加速度を表すのです。そして、両者はともにベクトル量です。

第2章で登場した「弱い等価原理」を覚えていらっしゃるでしょうか。「一つの物体のもつ慣性質量と重力質量は等価」で、区別がつかないというものでした。その際、「強い等価原理」も存在していて、それは物体に対する「重力効果」と「加速効果」の見分けができず、どちらもまったく同じ効果を物体に与えるものだと指摘しました。

ここで明らかとなった「重力場 $\boldsymbol{g}$ と重力加速度 $\boldsymbol{g}$ がまったく同じである」という事実が、まさしくこの「強い等価原理」です。両者による物体への効果は、まったくもって区別できないのです。

⬇ 重力場の有無を確かめる世界一簡単な方法

「場」の理解が難しい理由の一つに、目には見えない存在であることが挙げられます。場に限らず、見ることも触れることもできないものをイメージするのは容易ではありません。

しかし、強い等価原理が、目には見えない重力場の存在を確かめるための世界一簡単な方法を教えてくれます。「重力場$\boldsymbol{g}$と重力加速度$\boldsymbol{g}$がまったく同じである」ことを使えばいいのです。

物体を一つ用意します。空気抵抗を最小限に食い止めるために、できるだけ小さく、かつ重い物体が理想的なので、砲丸投げで使われるような鉄球を選ぶことにしましょう。さあ、これを使ってどうするか。何しろ世界一簡単な方法ですから、「力いっぱい放り投げろ！」なんて無茶は言いません。

ある高さから、そっと手放すだけでいいのです。手放した後、落下する鉄球の速度がどんどん増えていったなら――つまり、加速されていったなら、その空間には重力場が存在しています。

地上の空間に限らず、宇宙中のどの空間でも、重力場$\boldsymbol{g}$の存在を確かめたいときには、その空間で、重力質量をもつ鉄球のような物体を手放してやればいいのです。重力場が存在していれば、手放された物体は重力場$\boldsymbol{g}$と反応し、重力場$\boldsymbol{g}$の方向にひとりでに（誰も押したり引っ張ったりしないのに）加速されます。

ただし、ここでは地上空間のみならず、宇宙のどこか不特定の空間も考慮に入れているので、その物体の加速度$\boldsymbol{g}$は9・8（m／s^2）であるとは限りません。この値はあくまで、地球が地上1万m以下の範囲にある物体に与える重力加速度を示すものだからです。

↓重力質量と重力場の深い関係

重力場のある空間で手放された物体の重力質量m（kg）と重力場$\boldsymbol{g}$とのあいだで生じる相互作用は、「$m\boldsymbol{g}$」で表されます。これもまた、どこかで見覚えがありますね。そうです、式6－19に再掲するニュートンの第二法則（33ページ参照）とよく似ています。

式6-19

$$\boldsymbol{F} = m\boldsymbol{a}$$ このmは「慣性質量」

式6-20

$$\boldsymbol{F} = m\boldsymbol{g}$$ このmは「重力質量」

式6－19の右辺にある$\boldsymbol{a}$は加速度を、mは加速される物体の慣性質量を表しています。加速度$\boldsymbol{a}$はベクトル量で、加えられている力$\boldsymbol{F}$の方向にmが加速されることを示しています。ニュートンの第二法則は、質量mをもつ物体に力$\boldsymbol{F}$が加わりつづけると、その物体は加速されっぱなしになるということを意味しているのでした。

「強い等価原理」によって重力場と加速度は同じなので、加速度$\boldsymbol{a}$と重力場$\boldsymbol{g}$を置き換えたのが式6－20です。式6－20の右辺にあるmは加速される物体の重力質量を表しています。

つまり、式6－20は、重力質量mをもつ物体が重力場$\boldsymbol{g}$の存在する空間に置かれると、その物体は重力場$\boldsymbol{g}$と反応し、力$\boldsymbol{F}$を受けてどんどん速度が大きくなっていく（加速される）ということを示しています。これが、重力質量mが重力場gと反応するということであり、重力質量だけが重力場と反応します。だからこそ、式6－20の右辺にあるmは重力質量なのです。

そして、重力場そのものは、重力質量によって生み出されます。重力質量と重力場の切っても切れない関係を表しているのが「mg」であるといえるでしょう。

アインシュタイン方程式を理解する

さて、本書にもクライマックスが近づいてきました。

いよいよ、アインシュタイン方程式こと重力場の方程式をお目にかけましょう（式6－21）。式の形がやや複雑なうえ、これまで登場しなかった記号も含まれているので、尻込みしそうという方もいらっしゃるかもしれません。しかし、どうかご安心ください。左右両辺の各項ごとに、どんな意味があるのかを順を追って確認していけば、この式のもつ重要性は誰にでも理解することができます！

重力場の方程式をひと言で言い表すと、「①何が時空を曲げ、②その結果、時空はどのように曲がるのか」を示す方程式です。①に対応するのが右辺で「時空を曲げる原因」を表しています。②に対応するのが左辺で、こちらは「時空の曲がりの程度（曲率）」を示しています。

注目すべきは、式6－21の左辺第2項で下線が引かれた$g_{\mu\nu}$で、これを「計量テンソル」とよびます。計量テンソルとは、4次元時空の各点における「局所的でなめらかな曲がり」を表すものです。重力場の存在する空間は曲がっており、時空の曲がり具合こそが重力場を表すのでした。

式6-21

$$R_{\mu\nu}-\frac{1}{2}\underline{g_{\mu\nu}}R=\frac{8\pi G}{c^4}T_{\mu\nu}$$

計量テンソル

重力場はスカラー場でもなく、
ベクトル場でもなく、テンソル場

計量テンソルが示す「局所的でなめらかな時空の曲がり」は、そのような時空の曲がりの、いわば細部の描像です。そして、4次元時空の各点における計量テンソルを足し上げたものが時空の曲がりそのものになるので、計量テンソルは事実上「重力場」を表すことになります。

この計量テンソルこそが、アインシュタイン方程式における未知数（求める対象）であり、「アインシュタイン方程式を解く」とは、イコール「計量テンソルを求める」ことなのです。

一般相対性理論では「時空の曲がり＝重力場」なので、計量テンソル$g_{\mu\nu}$が、すなわち重力場（正確には重力ポテンシャル）を表すことになります（添え字はギリシャ文字で、μ＝ミュー、ν＝ニューと読みます）。重力場は「gravitational field」の頭文字から「g」

と表されますが、計量テンソルもこれに倣《なら》って「g」が使われているというわけです。

「テンソル」とはなにか

ところで、「テンソル」とはなんでしょうか?

本章ではここまで、図6-3や図6-4、式6-17などを通じて、重力場$\boldsymbol{g}$をベクトルとして扱ってきました（図ではベクトルを表す矢印を用いてきました）。しかし、じつはこの表現は、ニュートン力学に基づく重力場に対するものです（式6-17の注意書きもそのことを示しています）。

ニュートン力学に基づく重力場は空間を曲げないため（なにしろ「空間が曲がる」などと言い出したのはアインシュタインなので）、空間の各点における重力場は、縦・横・奥行きの三つの成分だけをもつ「3次元ベクトル」で表すことができます。図6-3や図6-4の矢印は、そのような3次元の〝ベクトル矢〟を（2次元的に）表現したものでした。そして、ベクトル量によって表される場を「ベクトル場」といいます。

しかし、一般相対性理論に基づく重力場の理論では、質量は空間と時間を同時に曲げます。縦・横・奥行きの3次元に時間を加えた4次元時空を曲げるということは、ニュートン力学が扱っていた空間構造（幾何学的構造）とはガラリと変わり、これに対応した新たな幾何学的表現が必要になることを意味しています。

本書の程度を超えるため詳しくは解説できませんが、4次元時空の曲がりを記述するためには「リーマン幾何学」とよばれる幾何学が必要となり、そのリーマン幾何学を構成する要素が「テンソル」なのです。

「時空の曲がり」という奇妙な現象を理論的に説明するには、時空そのものを「可視化」する必要があります。その可視化の手段として、リーマン幾何学と計量テンソルが使われているとイメージしてください。テンソルによって表される場を「テンソル場」といい、したがって、一般相対性理論に基づく重力場はテンソル場となります（ちなみに、第5章で登場したヒッグス場は、スカラー量に基づくスカラー場です）。

なお、ベクトルとテンソルとはまったくの無関係ではなく、ベクトルをテンソルの一種ととらえることができます。次元は、4次元以降も5次元、6次元……無限次元と、いくらでも高次にすることが可能ですが、3次元以下ではベクトルが、4次元以上ではテンソルが使われます。

⬇ 右辺の意味

引き続き、式6-21の左辺を見ていきましょう。

第1項にある$R_{\mu\nu}$は「リッチテンソル」とよばれ、時空の曲率を示しています。第2項の計量テンソルの後ろについている「R」は「スカラー曲率」とよばれるもので、やはり時空の曲率を表しています。

結局、計量テンソルも含め、左辺「$R_{\mu\nu}-\frac{1}{2}g_{\mu\nu}R$」の各項はすべて「4次元時空の曲がりの程度」、すなわち「曲率」を表すものとなっています。

右辺はどうでしょうか。

アインシュタイン方程式の右辺は「時空を曲げる原因」を表しているのでした。前述のとおり、アインシュタイン方程式においては、時空を曲げる要因として「質量、エネルギー、運動量」を考えます。そして、一般相対性理論における重力相互作用は「質量、エネルギー、運動量」によって生じた4次元時空の曲がりが、他の「質量、エネルギー、運動量」に与える影響のことでした。

したがって、式6-21の右辺には、時空を曲げる原因となる「質量、エネルギー、運動量」が入っていてしかるべきですが、お馴染みのm（質量）やE（エネルギー）、p（運動量）は見当たりません。彼らはいったいどこへ？

これもまた、すべてがテンソルで表されるリーマン幾何学の仕業であり、右辺の右端にある$T_{\mu\nu}$という記号が「質量、エネルギー、運動量」を表すテンソルとなっているのです。「エネルギー・運動量テンソル」とよばれています。

なお、エネルギー・運動量テンソルに係数として掛かっている$8\pi G/c^4$は、重力が極端に弱い場合に、アインシュタイン方程式がニュートンの重力理論に近づくために必要な定数です。この方程式は、左辺が「時空の曲がりの程度（曲率）」を、右辺が「時空を曲げる原因」を表すように、両辺でまったく異なる物理的意味をもっていますが、$8\pi G/c^4$という定数の存在によって両辺の単位の次元がそろい、方程式として成立しています。

⬇左辺に追加された「宇宙項」

ここで視点を変えて、第4章で「見えない力」として登場したダークエネルギーと、第5章で「見えない質量」として登場したダークマターの、アインシュタイン方程式との関係を見てみましょう。いずれも彼の没後に発見されたものなので、アインシュタインは当然、この両者の存在を知る由もありません。アインシュタイン方程式は、二つの「ダーク（暗黒）」を取り扱うこと

式6-22

$$R_{\mu\nu} - \frac{1}{2} g_{\mu\nu} R + \Lambda g_{\mu\nu} = \frac{8\pi G}{c^4} T_{\mu\nu}$$

宇宙項
（宇宙を加速的に膨張させる）

ギリシャ文字Λ（ラムダ。λの大文字）は宇宙定数とよばれている。宇宙項は$\Lambda g_{\mu\nu}$で、Λだけでは宇宙項にはならない

アインシュタインが考えた元の方程式には
「宇宙項」は含まれていなかった！

$$R_{\mu\nu} - \frac{1}{2} g_{\mu\nu} R = \frac{8\pi G}{c^4} T_{\mu\nu}$$

ができるのでしょうか？

前者とアインシュタイン方程式にはちょっと込み入った〝因縁〟がありますので、まずはダークマターについて確認しましょう。

質量をもつダークマターは、ふつうの物質と同様に重力相互作用に直接的に関わります。加えて、現在の宇宙の物質（質量）組成のうち、約24％も占めていることから、ふつうの物質以上に「時空の曲がり」に大きな影響を及ぼします。

そのため、ダークマターは当然ながらアインシュタイン方程式の右辺にあるエネルギー・運動量テンソル（$T_{\mu\nu}$）に加えられ、「時空を曲げる原因」の一つとして重力場を生み出します。

一方のダークエネルギーは、宇宙を加速膨張させるエネルギーであり、「時空を曲げる原因」（右辺）でも「時空の曲がりの程度（曲率）」を示すも

の（左辺）でもないことから、式6－21には居場所がありません。そこで、式6－22に示すように、左辺に「宇宙項」を導入することで、アインシュタイン方程式に組み込まれています。

前述の「ちょっと込み入った〝因縁〟」とは、この宇宙項にまつわるものです。式6－21の形の方程式を見出したとき、アインシュタインは、この式がはらむ不都合な事実に気づきました。この方程式を使って宇宙を大局的に見ると、「宇宙における質量の平均密度とエネルギー密度がともに時間的に変化している」ことがわかったのです。

これのどこが不都合なのでしょうか？

残された謎

じつは、時間的な変化によって質量（およびエネルギー）の密度が大きくなりすぎると、重力が強すぎて宇宙は縮んでしまいます。他方、両者の密度が小さすぎると、こんどは宇宙は膨張してしまうのです。アインシュタインは当時、宇宙は膨らみもしないし縮みもしない「静的な構造」をしていると考えていました。そこで、収縮や膨張を制御し、静的な宇宙を保つためのものとして、「宇宙項」を付け加えたのです。それが、式6－22です。

宇宙項は、「宇宙定数（Λ《ラムダ》）」と係数$g_{\mu\nu}$の積で表されます。Λ自身はプラスにもマイナスにより柔軟性を増したといえます。

これにて一件落着……とはいかなかったのが宇宙項の面白いところなのですが、その詳細は前著『$E=mc^2$のからくり』に譲ります。ここでは、ハッブルの法則の登場（すなわち、宇宙が膨張しているという観測事実）を受けて、いったんはアインシュタイン自らが「必要がなかった」として取り下げた宇宙項が、彼の死後、インフレーション理論やダークエネルギーの登場という、宇宙論が画期を迎えるたびに繰り返し注目を集めてきたことを紹介するにとどめます。

こうして無事に、アインシュタインの方程式の左辺に居場所を得たダークエネルギーですが、じつはまだ、二つの謎が残されています。

ダークエネルギーによって宇宙が加速膨張に転じたのは今からおよそ50億年前と考えられています。一つは、なぜそのタイミングで、そしてどのように宇宙項がはたらくことで加速膨張が始まったのか？——これについてはまったく謎のままなのです。アインシュタインもきっと、草葉の陰で頭を悩ませていることでしょう。

そして二つめの謎は、さらに大きな疑問を私たちに投げかけています。いったいどんな謎なのでしょうか？

不可解で神秘的なダークエネルギー

ダークエネルギーは、宇宙（真空空間）を加速的に膨張させるエネルギーです。それは、真空自身に潜在するエネルギー、否、第4章でも指摘したとおり「真空そのものがもっているエネルギー」と考えるべきものです。なにしろ、「無の完全真空」が加速的にどんどん膨らんでいるのですから、まったくもって常識外れの話です。

面白いことに、宇宙（真空空間）がどれだけ加速的に膨張していても、ダークエネルギーの密度は一定であると考えられています。観測結果によれば、「宇宙を満たしているダークエネルギーの量」と「宇宙の体積」の比が一定になっているからです（つまり、宇宙を満たしているダークエネルギーの量／宇宙の体積＝一定）。

ここで「宇宙の体積」とは、適当な大きさの宇宙、たとえば100個程度の銀河を含む空間の体積を指しています。その体積あたりに含まれているダークエネルギーの量が一定なのです。すなわち宇宙は、「ダークエネルギーの密度を一定に保ちながら、加速的に膨張している」ということなのですが、この事実が第二の謎を提示しています。

なぜなら、「宇宙を満たしているダークエネルギーの量／宇宙の体積＝一定」という関係式から、加速膨張して宇宙の体積（分母）がどんどん大きくなると、その大きくなった体積を満たすダークエネルギーの量（分子）も同じ割合でどんどん増加することを示しているからです。

この、刻々と増加するダークエネルギーはいったい、どこから生じてくるのでしょうか？

ダークエネルギーの源はブラックホールであるという説も出されていますが、その発生源がどこであれ、もしダークエネルギーが際限なく増えていったとしたら、私たちは悪夢を見ることになります。宇宙全体を膨張させるほどの斥力（反重力効果）をもつダークエネルギーの量が過剰になってしまうと、宇宙をバラバラに引き裂いてしまう可能性があるからです。このような宇宙の「引き裂き」事象は、「ビッグリップ」とよばれています。

第4章では、正体不明のダークエネルギーの有力候補として、真空のゼロ点エネルギーが考えられることをお話ししました。しかし、「実際に観測されたダークエネルギーの密度」と「真空のゼロ点エネルギーの密度」を比較すると、驚くなかれ、後者のほうが前者に比べ、120桁も大きいのです。これほど桁が異なる（まさしく桁違い！）のは明らかにおかしく、何かが間違っていると考えるほかありません。

真空のゼロ点エネルギーについては同じく第4章で、「無限大ではないものの、かなりの大きさになる」ことをご紹介しました。どうやらこの事実が120桁もの違いを生み出しているようなのですが、この問題はまだ解決をみていません。このとてつもなく大きな差のために、式6-22に現れる宇宙項の正確な意味がとらえきれず、いまだ「釈然」とした理解を得られていない状況にあるのです。

「局所的でなめらかな曲がり」が意味していること

前項と前々項で宇宙項に関する未解決の謎をご紹介しました。しかし、アインシュタイン方程式による重力の理論（一般相対性理論）には、さらに大きな難題が残されています。それは、この理論が、物理学における二大重要理論のもう一方である量子論（量子力学）とまったく「相容《あいい》れない」ということです。いったいなぜなのでしょうか？　現代の物理学者たちはどう乗り越えようとしているのでしょうか？

両理論の誕生から1世紀近くを経てなお未解決なのですから、難解な話であることは間違いありません。本書を締めくくるにあたり、読者のみなさんにそのエッセンスを体感していただけるよう、可能なかぎり噛み砕いて、その本質に迫ってみることにしましょう。

もう一度、式6－22に戻ります。左辺の第2項にある$g_{\mu\nu}$（計量テンソル）は、4次元時空の各点における「局所的でなめらかな曲がり」を表していました。重力場のある空間（4次元時空）は曲がっていますが、その曲がり具合が「局所的でなめらか」であることが、重要な意味をもっています。なぜでしょうか？

前述のとおり、人間が観測できる宇宙空間はすべて、重力場で満たされています。その各点が「局所的でなめらか」に曲がっているということは、少なくとも「地球から見える」範囲内の宇宙においては、重力場はなめらかに変化しているということです。

ここで、たとえば三角関数で表される正弦曲線のような「局所的でなめらか」なグラフを思い浮かべてみてください（125ページ図4-2参照）。そのようなグラフは、グラフ上の各点で微分することが可能です。つまり、地球から見える範囲内という大きなスケールでなめらかに変化している重力場で埋め尽くされた時空は、そのすべての点において微分が可能であるということです。

そして、微分可能であることは、「なめらかな変化」が「連続している」ことを意味しています。重力場はグラフではありませんが、イメージとしては、角のある折れ線グラフではなく、正弦曲線のようななめらかなグラフに似ていると考えてください。

すなわち、一般相対性理論は「時空はなめらかに、かつ連続的に変化している」という前提のもとに構築されているのです。実際に、アインシュタイン方程式には、たくさんの微分が含まれています。

➡連続と離散——「相容れない」理由

一般相対性理論における重力場が「なめらかに連続的に変化している」と聞いて、量子論と「相容れない」ことにピンときた人は、物理学の勘が研ぎ澄まされています。

そうです、電荷や電磁波のエネルギーを例に、あるいは日本の通貨「円」を喩えに用いながら説明したように、「量子化されている」ものは連続的には変化できず、飛び飛びの値で離散的にしか変化できないからです。

すなわち、一般相対性理論における「なめらかに連続的に変化している」重力場は量子力学の対象にはなりえず、一方で、「量子化されている」ものは微分計算を含むアインシュタイン方程式の対象にはなりえないのです。

連続と離散、あるいは、なめらかと飛び飛び——変化のようすがまるで異なる両者がうまくいかないのは当然です。

しかし、原子1個よりも桁外れに小さい、文字どおり以上の超ミクロサイズの空間にも、重力場は存在するはずです。たとえば、開闢《かいびゃく》まもない宇宙にも、すでに重力場は存在していたと考えられます。そのような極微小な空間では、量子力学が大きくはたらいてきます。

厳密な議論は本書の範囲を超えてしまいますが、そのような極微小空間に対して、「時空（すなわち重力場）はなめらかに連続的に変化している」とする一般相対性理論を適用すると、非常に困った事態が生じてしまいます。非常に困った事態とは、ハイゼンベルクの不確定性原理のために「量子ゆらぎ」とよばれる現象が起きることです。

量子ゆらぎとはなんでしょうか？

100ページに掲載した式3－1を思い出してください。エネルギーのあやふやさの幅（ΔE）と時間のあやふやさの幅（Δt）の積が一定である（正確には一定値である$\hbar/2$以上である）こと、すなわち「エネルギーと時間とのあいだの不確定性原理」を示す式でした。

式3－1は、$E=mc^2$によって真空中に生成・消滅する仮想粒子のもつエネルギーの幅が、発生時間が短ければ、相当程度まで大きくなりうることを意味しています。この、仮想粒子のエネルギーによってもたらされる真空空間のゆらぎを「量子ゆらぎ」といいますが、量子ゆらぎは、空間領域が狭くなるほど大きくなります。

原子1個よりも桁外れに小さい領域に発生する仮想粒子のエネルギーの幅は、発生時間が非常に短くなるがゆえに相当に大きくなり、その結果、かなり大きなエネルギーが時空に影響を及ぼすことになります。ここであらためて、式6－22を確認してみましょう。

右辺にあるエネルギー・運動量テンソル$T_{\mu\nu}$には、エネルギーと運動量が含まれています。極微小空間で発生した量子ゆらぎによる大きなエネルギーはまず、この$T_{\mu\nu}$に影響を及ぼし、続いてその効果が、左辺の$R_{\mu\nu}-\frac{1}{2}g_{\mu\nu}R$に影響をもたらすことになります。

アインシュタイン方程式の左辺は、全体として「時空の曲がりの程度（曲率）」を表すテンソルになっています。したがって、量子ゆらぎの大きなエネルギーが右辺のエネルギー・運動量テンソルに影響を及ぼすと、その極微小空間は極端に折れ曲がってしまい、「なめらかに連続的に」曲がることができなくなってしまいます。

極端に折れ曲がった時空では、もはや微分はできません。微分が無限大になったり（無限大の傾きや無限大の勾配などが出てきてしまう）、重力場と物質との相互作用がコントロール不可能なほどにエネルギーが発散したりして、アインシュタイン方程式がまったく意味をなさなくなってしまうのです。

その対策として、極端に狭い領域での量子ゆらぎの効果を取り入れた理論を検討してみると、こんどは広い空間での方程式に影響が出てしまい、式6－22と同じ形式の理論を維持できなくなります。すなわち、極微小空間と広大な宇宙空間における重力場の方程式は互いに相容れない関係にあり、一般相対性理論は破綻をきたしてしまうのです。

このことが、一般相対性理論に量子力学を組み込むこと、両者を統一的に取り扱うことをきわめて困難にしています。その背景には、一般相対性理論が徹底的に「時空はなめらかに連続的に変化している」という前提の上に成り立っている、という事情があるのです。

問題はこれにとどまりません。

↓重力か、それ以外か

本章の冒頭で、この宇宙に存在する4種類の力（強い力、電磁力、弱い力、重力）を紹介し、「力の及ぶ範囲」という共通項から、それら4種を「強い力と弱い力」「電磁力と重力」の2グループに分けると理解しやすいという話をしました。

しかし、ここではもう一つ、別の分類法をご紹介します。重力と、それ以外の3種類の力、の2グループに分けるのです。ついに、重力が「孤独な力」たる所以が明かされるときがきました。どういうことでしょうか？

ここに、「背景独立」と「背景依存」という概念が登場します。まずは前者から見ていくことにしましょう。

一般相対性理論によれば、重力場自身が時空を作っています。否、重力場自身が「時空そのもの」なのです。自分自身が作り出した4次元時空ではたらくのが重力場なのですから、なんらのバックグラウンドがないのと同じで、いっさいの座標系を考慮する必要がありません。「舞台の必要のない役者」に喩えれば、イメージしやすいでしょうか。

さらに重要なポイントとして、一般相対性理論においては「時空そのもの」が変動します。それは、時空それ自体が力学変数になっている、ということなのですが、具体的にはどう考えればいいでしょうか。

アインシュタイン方程式の右辺には、時空を曲げる要因である「質量、エネルギー、運動量」を表すテンソルとしてエネルギー・運動量テンソルが入っています。したがって、「質量、エネルギー、運動量」が変化すると、それにともなって時空の曲がり具合が変わり、逆に、時空の曲がり具合が変われば「質量、エネルギー、運動量」の分布が変わってしまうという関係にあります。そこには、安定的で絶対的な座標としての時空は存在しません。なにしろ、重力によって曲げられるというダイナミックな時空の描像こそが、一般相対性理論の本質なのですから。「時空それ自体が力学変数になっている」とは、このことを指しています。

重力場自身が自ら時空（空間）を作り出しているのですから、他の空間（座標）とはなんらの関係がないということになります。これが「背景独立」という概念です。

「力の統一」は実現するか

他方、重力以外の3種類の力はいずれも、量子力学に基づく「ゲージ場理論」による相互作用を示しており、これら三つのゲージ場はすべて「背景依存」になっています。先の例に倣っていえば、重力以外の3種類の力は「舞台がなければ演じることのできない役者」であり、各相互作用に対応する三つのゲージ場が、その舞台となっているのです。

背景独立か、それとも背景依存か——。重力とそれ以外の3種類の力を分けるこの違いは、重力が「標準模型」に含まれないという事実に端的に現れています。

標準模型とは、強い力による強い相互作用、弱い力による弱い相互作用、そして電磁力による電磁相互作用の三つを記述するための、素粒子物理学における重要理論で、やはり量子力学に基づいています。強い相互作用にはグルーオンが、弱い相互作用にはウィークボソンが、そして電磁相互作用には光子が、というように、いずれも「力を伝達する」粒子の存在が確認され、その相互作用を扱う理論として確立されています。

ところが、重力はこの理論にあてはまらず、宇宙に存在する4種類の力のなかで、完全に孤立してしまっているのです。

物理学においては、宇宙最初期には統合された一つの力であったと考えられるこれら4種類の力を統一する理論が探究されており、すでに弱い力と電磁力を統一する電弱統一理論は完成しています。これに強い力をまとめる理論(「大統一理論〔GUT：Grand Unified Theory〕」といいます)も未完成ではありますが、そもそも標準模型から除外されている重力を含めた統一理論(「万物の理論〔ToE：Theory of Everything〕」、あるいは「超大統一理論〔SUT：Super Unification

Theory〕」といいます）は、夢のまた夢という状況です。

この点においても、一般相対性理論による重力理論は、量子力学とはまったくの無縁になっているのです。

現代物理学の挑戦——重力場は量子化できるか？

それでは、二つの理論が〝接点〟を見出すためには何が必要なのでしょうか？

シンプルに考えれば、「重力場を量子化する」ことが解決策になります。量子化することができれば、重力場を離散的にとらえることができるようになり、すなわち、量子力学との統合が視野に入ってくるからです。

重力場＝時空なので、時空が量子化されれば、それはすなわち、重力場が量子化されることを意味します。実際に、重力場の量子化が実現すれば、そこには「重力子（グラビトン）」が現れることが理論的に予想されています。

電磁場を量子化することで、電磁相互作用を担う光子が現れるのと同様に、重力場を量子化することで現れる重力子は、重力相互作用を担う粒子であると考えられています。そして、到達距離が無限大である（無限遠点でゼロとなる）電磁力を伝達する光子の質量がゼロであるのと同様に、やはり到達距離が無限大である（無限遠点でゼロとなる）重力を伝達する重力子の質量もまた、ゼロでなければならないことが理論的に示されています。

前項で、標準模型において重力以外の3種類の力については「力を伝達する」粒子の存在が確認されていることをご紹介しました。重力子は、重力にとっての力を伝達する粒子であり、重力子が発見された暁には、重力と他の3種類の力を隔てるミゾがぐっと狭まって、力の統一理論へ向けた道筋がひらけてくるものと見込まれます。

しかし、現時点ではまだ、重力子検出の有力な手がかりは得られていません。重力場を量子化するためには、時空自身が離散的（飛び飛び）になっていなければなりませんが、「時空はなめらかに連続的に変化している」ことを前提としている一般相対性理論にとって、これは容易なことではありません。

「量子重力理論」の誕生を目指して

電荷や電磁波のエネルギーがそうであったように、もし時空にも「それ以上は分割不可能な最小単位」があるのなら——すなわち、時空がそのような「最小単位の集合体」であるのなら、一般相対性理論による重力理論と量子力学を統一した「量子重力理論」の誕生が視界に入ってきま

す。

このアイデアに基づいて発展した理論の一つが「ループ量子重力理論」です。2020年のノーベル物理学賞を受賞したことが記憶に新しいイギリスの物理学者ロジャー・ペンローズ（1931年～）の着想になるこの理論は、素粒子の「スピン」だけが寄り集まって空間を織りなしているのではないか、という奇想に基づいています。

スピンとは、いわば粒子の〝自転〟に相当するもので、電子などの素粒子の属性になっている百パーセント量子力学的な性質のことを指しています。難解な理論なので詳細は本書の程度を超えますが、素粒子と場の相互作用にスピンをつなぎ合わせてできる「スピン・ネットワーク」を時空（重力場）の量子化に結びつけるというアプローチを採用しています。

もう一つ、まったく別の発想に基づく理論として、「超弦理論による量子重力理論」があります。「超弦理論」の特徴は、あらゆる種類の素粒子はたった1種類の小さな「ひも（弦）」の振動状態で表されるとする理論です。その弦の長さは、一般相対性理論はもちろん、あらゆる物理法則が破綻してしまう限界、すなわちプランク長さにほぼ等しいと想定されています。

従来は「点」状の存在であると考えられていた素粒子を、弾力性のある「弦」状のものだととらえることで素粒子観の変革を迫った超弦理論によれば、重力もまた、弦の振動によって記述することができると考えられています。

「ループ量子重力理論」と「超弦理論による量子重力理論」——どちらも斬新で魅力的なアイデアに満ちていますが、現時点ではまだ、「量子重力理論」の完成にはいたっていません。

どちらの理論が、互いに相容れない一般相対性理論と量子論を結びつけてくれるのか、あるいは、「第三の道」を探る必要性があるのか——。いったいどのような結末を見せてくれるのか、今後の研究の進展を楽しみに待つことにしましょう。

➡物理学者が待ち焦がれている「もう一つの成果」

そして、「重力のからくり」を語るにあたっては最後にもう一つ、「量子重力理論の完成」とともに、多くの物理学者たちが待ち焦がれているものをご紹介せねばなりません。

「原始重力波の観測」です。

原始重力波とはなんでしょうか？

まずは「重力波」について確認しておきましょう。「波」とついているとおり、重力波は波です。最も身近な水面の波を思い浮かべてみましょう。静かな水面を保っている池に小石を投げ、それが水面に当たると、たくさんの同心円状の波（波紋）が発生し、個々の円は次々と外側に、ある速度で広がっていきます。

すなわち、水面が上下に振動し、その振動が水面を伝播していく現象が波ですが、より詳しく見ると、水の表面の「ゆがみ」が水面上を（小石の落ちた点からみて）外側に向かって伝播していくことがわかります。要するに波（波動現象）とは、なんらかの物理的な振動が、同じ場所だけで振動を続けるのではなく、なんらかの媒質中（電磁波の場合は真空中）を伝播していく現象です。

では、重力波はどんな物理的な振動、あるいはゆがみが伝播していく波動現象なのでしょうか？

本書をここまで読んできた読者のみなさんにはもうおわかりですね。質量によって曲げられた時空、そのゆがみが伝播していくのが重力波です。そして、質量の大きい物体ほど時空を大きくゆがませる（曲げる）ので、質量の大きい星（質量密度の高い星）、たとえば中性子星やブラックホールなどが時空を大きく曲げ、より大きな重力波を発生させることになります。

質量の大きい星が、質量の小さい星に比べてより大きく時空をゆがませるようすを模式的に描いたのが図6-6です。この図は2次元平面ですが、4次元時空においても、本質的にこれと同等のことが起こっています。

この「時空のゆがみ」が、重力波の発生原因になります。2015年に初めてとらえられ、翌16年に発表された重力波は、13億年前に起こった連星ブラックホールの衝突によって発生したも

図6-6

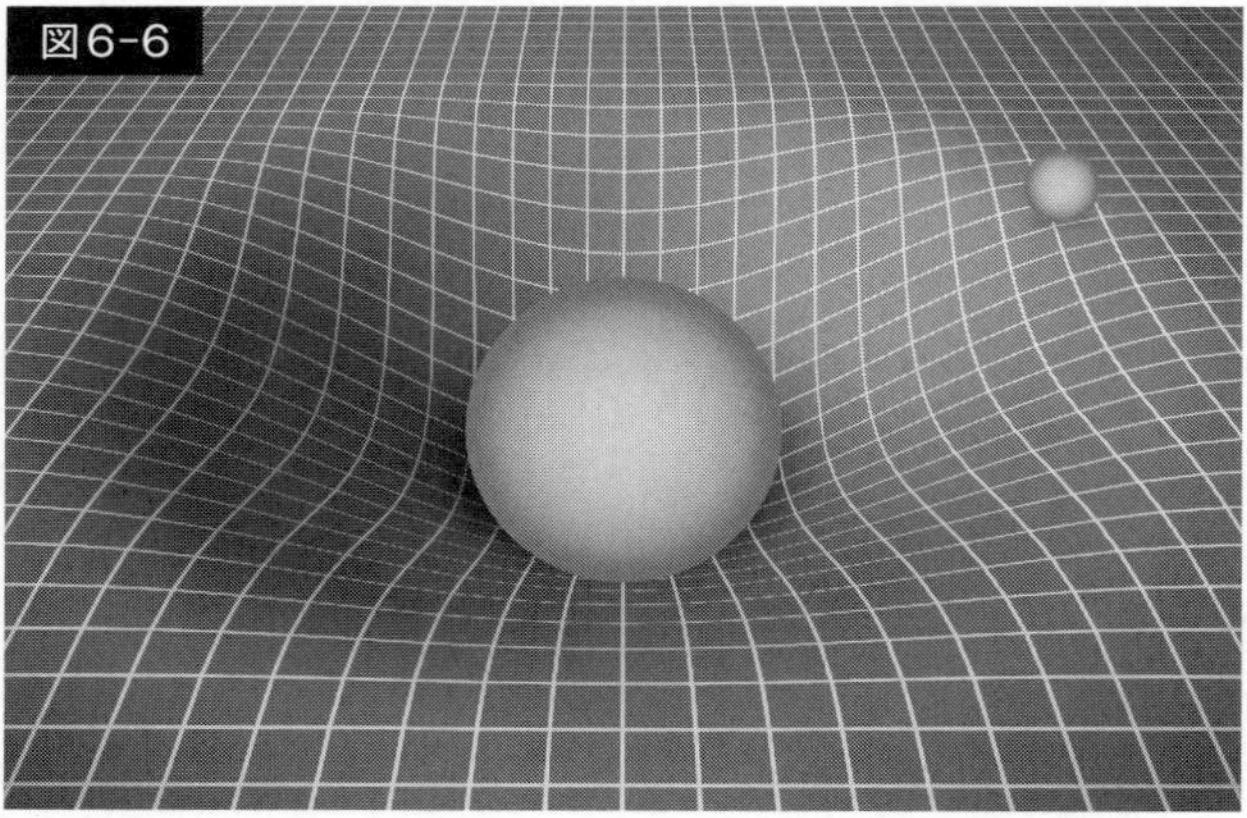

のでした。13億年も前の出来事とは気が遠くなりますが、これでもまだ〝ごく最近〟と感じてしまうほど、太古の昔に生じた時空のゆがみが存在します。

それこそが「原始重力波」であり、じつに今から138億年前、すなわち、宇宙の誕生直後に発生した波です。

⬇宇宙誕生直後の物理法則

物理学者たちはなぜ、原始重力波に熱い視線を注いでいるのでしょうか？

その理由は、原始重力波に、一般的な重力波とは大きく異なる際立った特徴があるからです。ポイントは、原始重力波が発生したのが宇宙誕生直後の、物質が形成される時期より前だったという点にあります。

つまり、原始重力波は、重力波の発生源であるはずの

「質量」がまだ、まったく存在しない時期に発生したものなのです。

発生源が存在しないのに生まれた重力波……？　この宇宙を司《つかさど》る物理法則はいったいどこへいったんだ!?　と嘆いてしまいそうになりますが、ご心配なく。もちろん、その発生源は理論的に推測されています。

そのカギを握るのが、「インフレーション」と「量子ゆらぎ」です。

誕生直後の宇宙が瞬間的な大膨張を起こしたインフレーション期に発生した量子ゆらぎによって、アインシュタイン方程式の左辺にある計量テンソル$g_{\mu\nu}$にも量子ゆらぎが起きたと考えられています。

$g_{\mu\nu}$は「時空の曲がりの程度（曲率）」を表しているので、その量子ゆらぎによって時空にゆがみが生じ、そのゆがみが伝播していくことで原始重力波が発生したと考えられているのです。このメカニズムであれば、たしかに質量が存在していなくても重力波は発生可能です。

原始重力波をとらえることができれば、物質（質量）が発生する以前の宇宙の情報、すなわち宇宙誕生直後の物理法則を調べる手がかりを得ることができます。物理学者が観測を待ち侘びている所以です。

⬇ 存在を示唆するデータを検出

宇宙誕生初期の時空は、量子力学を適用せざるをえないほど極微小の空間でした。一方、重力は宇宙誕生直後からまもなく発生していたと考えられています。したがって、宇宙初期の物理的状態を知るためには、どうしても「量子重力理論」が必要ですが、いまだその完成した理論は登場していません。

質量誕生以前の宇宙最初期に発生していた「原始重力波」には、宇宙誕生直後の情報が含まれているはずであり、直接的な観測に成功すれば、インフレーションが実際に起こったという証明にもなります。

「量子重力理論の完成」と「原始重力波の観測」は、宇宙誕生直後の謎を解くための最重要課題であり、「重力のからくり」はもちろん、「宇宙のからくり」を解き明かすための最も有力な情報を私たちにもたらしてくれるものです。

２０２３年６月には、重力波の検出に携わっている天文学者のコンソーシアム「NANOGrav：North American Nanohertz Observatory for Gravitational Waves」が原始重力波の存在を示唆するデータを得たという発表をおこないました。その精度は「観測した」と宣言できるまでにはまだまだ距離があるようですが、その重要性を考えれば、期待は膨らむばかりです。

いずれにしても、質量（物質）が誕生する以前の宇宙の姿を解明できる科学は物理学だけです。宇宙最初期の謎に挑む物理学の今後に夢とロマンを抱きながら、本書を閉じたいと思います。

＊

「質量」と「重さ」のからくりを調べることから始まった「重力」をめぐる旅も、終着点を迎えました。『思えば遠くへ来たもんだ』という古い映画のタイトルを地で行くように、日常に馴染んだ二つの言葉に導かれているうちに、「果たして重力場は量子化できるか」という現代物理学の最前線まで到達できたことは、筆者としても望外の喜びです。

読者のみなさんにもお楽しみいただけましたでしょうか。

それではまた、次の「からくり」を解き明かす旅に出るその日まで、しばしのお別れです。

謝辞

本書を執筆するにあたっては、一般相対性理論や量子力学等に関する専門書や論文、インターネット上で公開されている情報など、多くの資料を参考にさせていただきました。紙幅の都合上、個々にご紹介することはできませんが、それらすべての資料の執筆者、制作者のみなさんに心より感謝を申し上げます。

ありがとうございました。

著者

【ま・や行】

【ら行】

【な行】

【は行】

【た行】

【さ行】

【か行】

さくいん

N.D.C.421　268p　18cm

ブルーバックス　B-2123

重力《じゅうりょく》のからくり
相対論と量子論はなぜ「相容れない」のか

2023年 8 月20日　第 1 刷発行
2024年 4 月 8 日　第 3 刷発行

著者　山田克哉《やまだかつや》
発行者　森田浩章
発行所　株式会社講談社
〒112-8001　東京都文京区音羽2-12-21
電話　出版　03-5395-3524
販売　03-5395-4415
業務　03-5395-3615
印刷所　（本文印刷）株式会社新藤慶昌堂
（カバー表紙印刷）信毎書籍印刷株式会社
製本所　株式会社国宝社

定価はカバーに表示してあります。

ISBN978－4－06－518462－2

発刊のことば

科学をあなたのポケットに

二十世紀最大の特色は、それが科学時代であるということです。科学は日に日に進歩を続け、止まるところを知りません。ひと昔前の夢物語もどんどん現実化しており、今やわれわれの生活のすべてが、科学によってゆり動かされているといっても過言ではないでしょう。

そのような背景を考えれば、学者や学生はもちろん、産業人も、セールスマンも、ジャーナリストも、家庭の主婦も、みんなが科学を知らなければ、時代の流れに逆らうことになるでしょう。

ブルーバックス発刊の意義と必然性はそこにあります。このシリーズは、読む人に科学的に物を考える習慣と、科学的に物を見る目を養っていただくことを最大の目標にしています。そのためには、単に原理や法則の解説に終始するのではなくて、政治や経済など、社会科学や人文科学にも関連させて、広い視野から問題を追究していきます。科学はむずかしいという先入観を改める表現と構成、それも類書にないブルーバックスの特色であると信じます。

一九六三年九月　野間省一

ブルーバックス

わかる喜び、知るおどろき── 山田流物理学白熱講義

「からくりシリーズ」既刊紹介

『$E=mc^2$のからくり』
エネルギーと質量は
なぜ「等しい」のか

『時空のからくり』
時間と空間はなぜ
「一体不可分」なのか

『真空のからくり』
質量を生み出した
空間の謎

『光と電気のからくり』
物を熱するとなぜ光るのか?

『量子力学のからくり』
「幽霊波」の正体

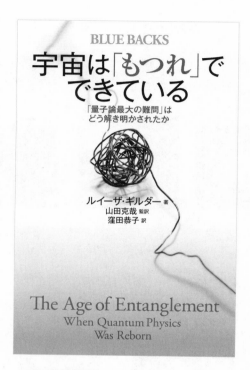